KOKOKARA DRILL SERIES

★ 大学 ★
TSUNAGERU
入試

小倉の ここから

つなげる

数学A

ドリル

Gakken

受験勉強の挫折の原因とは？

自分で
続けられる
かな…

定期テスト対策と受験勉強の違い

本書は，"解く力"を身につけたい人のための，「実践につなげる受験入門書」です。ただ，本書を手に取った人のなかには，「そもそも受験勉強ってどうやったらいいの？」「定期テストの勉強法と同じじゃだめなの？」と思っている人も多いのではないでしょうか。実は，定期テストと大学入試は，本質的に違う試験なのです。そのため，定期テストでは点が取れている人でも，大学入試に向けた勉強になると挫折してしまうことがよくあります。

定期テスト
とは…

授業で学んだ内容のチェックをするためのもの。

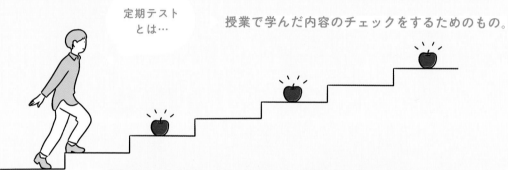

学校で行われる定期テストは，基本的には「授業で学んだことをどれくらい覚えているか」を測るものです。出題する先生も「授業で教えたことをきちんと定着させてほしい」という趣旨でテストを作成しているケースが多いでしょう。出題範囲も，基本的には数か月間の学習内容なので，「毎日ノートをしっかりまとめる」「先生の作成したプリントをしっかり覚えておく」といったように真面目に勉強していれば，ある程度の成績は期待できます。

大学入試
とは…

膨大な知識と応用力が求められるもの。

一方で大学入試は，出題範囲が高校3年間のすべてであるうえに，「入学者を選抜する」ための試験です。点数に差をつけるため，基本的な知識だけでなく，その知識を活かす力（応用力）も問われます。また，試験時間内に問題を解ききるための時間配分なども必要になります。定期テストとは試験の内容も問われる力も違うので，同じような対策では太刀打ちできず，受験勉強の「壁」を感じる人も多いのです。

入試演習の難しさ

定期テスト対策とは大きく異なる勉強が求められる受験勉強。出題範囲が膨大で，対策に充てられる時間も限られていることから，「真面目にコツコツ」だけでは挫折してしまう可能性があります。むしろ真面目に頑張る人に限って，空回りしてしまいがちです。特に挫折する人が多いのが，基礎固めが終わって，入試演習に移行するタイミング。以下のような悩みを抱える受験生が多く出てきます。

本格的な受験参考書をやると急に難しく感じてしまう

本格的な受験参考書は，解説が長かったり，問題量が多かったりして，難しく感じてしまうことも。
また，それまでに学習した膨大な知識の中で，どれが関連しているのかわからず，
問題を解くのにも，復習にも，時間がかかってしまいがちです。

知識は身につけたのに，問題が解けない

基礎知識は完璧，と思っていざ問題演習に進んでも，まったく歯が立たなかった……
という受験生は少なくありません。基礎知識を覚えるだけでは，
入試問題に挑むための力が十分に身についているとは言えないのです。

入試演習に挑戦できる力が本当についているのか不安

基礎固めの参考書を何冊かやり終えたのに，
本格的な入試演習に進む勇気が出ない人も多いはず。
参考書をやりきったつもりでも，
最初のほうに学習した内容を忘れてしまっていたり，
中途半端にしか理解できていない部分があったりする
ケースもよくあります。

この悩みに
寄り添ったのが…

3

ここからつなげるシリーズで
"解けない"を解決！

前ページで説明したような受験生が抱えやすい悩みに寄り添ったのが、「ここからつなげる」シリーズです。無理なく演習に取り組め、しっかりと力を身につけられる設計なので、基礎と実践をつなぐ1冊としておすすめです。

無理なく演習に取り組める！

全テーマが、解説1ページ➡演習1ページの見開き構成。
問題を解くのに必要な事項を丁寧に学習してから演習に進むので、
スモールステップで無理なく取り組めます。

"問題が解ける力"が身につくテーマを厳選！

基礎知識を生かして入試問題を解けるようになるために不可欠な、
基礎からもう一歩踏み込んだテーマを解説。
入試基礎知識の学習段階から、実践段階へのスムーズな橋渡しをします。

定着度を確かめられて、自信がつく！

1冊やり終えた後に、学習した内容が身についているかを確認できる
「修了判定模試」が付いています。
本書の内容が完璧に身についているか確認したうえで、
自信をもって入試演習へと進むことができます。

これなら
解けそう

は じ め に

　はじめまして！　小倉悠司です。この本を選んでくれてありがとう！

　今この文章を読んでいる人の中には，数学に対して前向きな気持ちをもっている人もいれば，数学に不安をもっている人もいると思います。いずれにせよ，「数学をもっとできるようになりたい」と思っているのではないでしょうか。「ここから」シリーズは必ずそんなあなたの助けになります。この本は，数学が好きな人はもっと得意に，数学に不安をもっている人は少しずつ苦手を克服し，不安が解消されていくきっかけになるように，全力を尽くして作成しました！

　「ここからつなげる数学A」は，基礎がひと通り身についた後にやるべき問題，身につけるべき考え方や解き方を扱っています。本書の役割は教科書の内容と入試を「つなげる」ことです。ですから，教科書の基礎レベルの内容が身についた後に本書を使い，本書の内容を身に付けた後で，入試問題の演習に進むとスムーズに学習できます。さらに，本書を使いながら身についていない基礎に立ち戻り学習をする，また入試問題の演習をやりながら本書の内容に立ち戻り学習する，スパイラル学習で進めることをおススメします。最初から100%完璧にすることは難しいと思います。80%が身についたら次に進み，先へと進んだ後で抜けている部分に気がついたらその都度立ち戻り，徐々に100%に近づけていくように学習しましょう。本書としては，修了判定模試ができれば次に進んで頂いて大丈夫です。

　演習問題は押さえておくべき考え方，解き方を定着させるための問題なので，3〜4分ほど考えても分からない場合は答えを見ても構いません。ただし，チャレンジ問題についてはぜひ5分〜10分は粘り強く考えてみてください。

　　　　　　　「今の行動が未来を創る」

　あなたがこの本で数学を学ぶという「行動」は，必ずあなたが望む「未来」につながっています！　あなたが望む未来を手に入れられることを，心より応援していmath！

　　　　　　　　　　　　　　　　　　　　　　　　　　小倉 悠司

も　く　じ

Chapter 3   図形の性質

Chapter 4 数学活用

別冊「解答解説」　　　別冊「修了判定模試」

本書の使い方

How to Use

入試問題を解くのに不可欠な知識を，順番に積み上げていける構成になっています。

「▶ここからつなげる」をまず読んで，この講で学習する概要をチェックしましょう。

解説を読んだら，書き込み式の演習ページへ。学んだ内容が身についているか，すぐに確認できます。

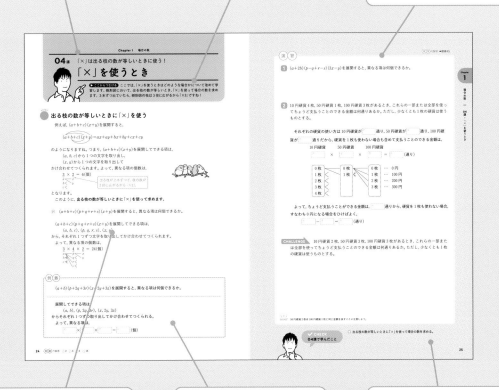

人気講師によるわかりやすい解説。ニガテな人でもしっかり理解できます。

例題を解くことで，より理解が深まります。

学んだ内容を最後におさらいできるチェックリスト付き。

答え合わせがしやすい別冊「解答解説」付き。詳しい解説でさらに本番における得点力アップが狙えます。

すべての講をやり終えたら，「修了判定模試」で力試し。間違えた問題は →00講 のアイコンを参照し，該当する講に戻って復習しましょう。

1 | パターン暗記だけの学習には限界がある！ 「根拠」が応用問題，初見の問題を解く手がかり！

パターン暗記だけの学習には限界がある

　パターン暗記でも，模試においてある程度の点数が取れているという人がいるかもしれません。全国模試の問題構成は大まかに，「⑴　教科書レベルの問題　⑵　問題集，参考書に載っているような典型問題　⑶　応用問題」のようになっているので，パターン暗記だけでもある程度の点数が取れてしまうことがあります。⑴，⑵のような**見たことがある問題は，パターン暗記をしていれば解ける**からです。しかし，⑶のような応用問題はパターン暗記だけの学習では対応できず，ここで頭打ちになってしまいます。**パターン暗記だけの学習でもある程度までは点数が取れるようになりますが，限界があります。**

応用問題，初見の問題を解く手がかりは「根拠」

　応用問題が解けるようになるためには，「なぜ余弦定理を使うのか」などの**『根拠』が分かっていることが大切**です。本書では，「根拠」が分かっていることを**『理解』**と呼ぶことにします。$\sin\theta$ が何であるかといった定義は暗記する必要がありますが，問題の解き方は『理解』しないとその問題しか解けない**点の学習**になってしまいます。正しく『理解』すれば，周辺の問題も解ける**面の学習**になり，効率的に学習できます。

　応用問題は知識を組み合わせて解く必要があり，**どの知識を組み合わせて解くかの判断材料となるのが『根拠』**です。例えば，「余弦定理」を使うのは，知りたいもの＋わかっているものが「3辺と1角の関係」のときで，その状況に当てはまるから余弦定理！　のように，**『根拠』が問題を解く手がかり**になります。

『根拠』が分かると数学の学習も楽しくなってくるよ！
『根拠』は成績の向上にはもちろん，モチベーションアップにもつながるよ！

2 | 進みながらも，身についていない所の復習をしよう！　理解できるまでとことんやろう！　実はそれが近道！

身についていないと気づいたら戻ってやり直す

　基礎が抜けていると気づく場面があるかもしれませんが，落ち込む必要はありません。人間は忘れる生き物ですし，身についたと思っていたけど，問題を解くことによって身についていなかったことに気づくこともあると思います。大切な事は，その事に気がついたら**戻って基礎（定義や基本事項）をやり直する**ことです。例えば，絶対値を含む方程式にチャレンジしたときに，「期待値」の意味が実は理解できていなかったら「期待値」の意味をきちんと確認しましょう！復習するのが面倒くさいからといって，とりあえず「パターン暗記（根拠もなく解き方を丸暗記すること）」してしまうとその問題は解けてもその問題で身に着く考え方を違う問題に活かすことが難しくなってしまいます。

理解できるまで取り組むことが，実は合格への近道

　内容が難しくなってくると，理解するまでに時間がかかり，苦しむことがあるかもしれません。そんな時こそ基礎に立ち返ってみてください。数学は積み重ねの学問であり，理解ができないということは，何かが抜け落ちている可能性が高いです。その単元の基礎に立ち返りながら，理解できるまで根気よく取り組んでいきましょう。一つのテーマを**理解することができれば，その考え方を他の問題にも活かせるようになります！**　理解できるまで時間をかけるというのは非効率的に見えるかもしれませんが，十分に理解した内容であれば他の問題にも活かすことができ，結果として効率的です。**本当の「楽」というのは**その時に時間がかからないことではなく，**その考え方を色々な問題に活かせることです！**

「分からない」という困難を乗り超えて
「理解」することが，結果的に「合格」への
近道だよ！

3 ｜ 押さえておくべき考え方や解き方を身に着けよう！　応用問題は手を動かし，試行錯誤して考えよう！

押さえておくべき考え方や解き方を身につけよう

　例えば，料理を作ることにおいて，食材についての基本的な知識や，調理道具の基本的な使い方（数学では定義や基本事項）はもちろん，この食材はこう料理すると美味しいといった調理法や調理道具の便利な使い方（数学では押さえておくべき考え方や解き方）を身につけると，料理の幅がグッと広がりますね！　数学も同じです。**ぜひ，押さえておくべき考え方や解き方を身につけましょう。**試行錯誤できる幅がグッと広がります！　本書では，押さえておくべき考え方や解き方が，説明→例題→練習問題とくり返し登場するので，本書をきちんと取り組むことで身につけることができます。

応用問題は手を動かし，試行錯誤しながら考えよう

　押さえておくべき考え方や解き方が身についた後は，それらを用いて工夫する問題や，基本事項を組み合わせる問題（「ここからシリーズ」の中ではチャレンジ問題）にも取り組みましょう。その際，**分からなくてもすぐに答えを見るのではなく，「自分の頭」でじっくり考えてみましょう！**　考えるというと頭の中だけのことだと思うかも知れませんが，手を動かし，「試行錯誤」を行うことも大切です。僕はよく「**手で考える**」という言葉を使います。『根拠』は応用問題を解く手がかりになりますが，『根拠』が分かった上で，どう組み合わせて解くかを考える試行錯誤も必要です。条件を整理してみたり，文字の場合は具体的な数で考えてみたりするなど，頭で考えるだけでなく**手でも考えてみてください！**

「試行」が「思考」の手がかりになるよ！　手を動かしながら考えて，応用問題でも解ける実力を身に付けていこう！

4 「大変」とは「大」きく「変」わること！楽しくなってくると，成績も上がっていく！

数学の学習はときには「大変」なときもある。

　数学を学習していると，「わからない〜」と頭を抱えたくなる時もあると思います。「大」きく「変」わる（成長する）には「大変」な時期もあります。しかし，明けない夜はありません。「パターン暗記」に走らず，しっかり**理解してきたあなたは数学の成績が必ず伸びます！**　数学は１次関数的に伸びるのではなく，２次関数的に伸びます。数学を学びはじめた時は，やった分に比例した成果が出ているようには感じないかもしれません。しかし，ある時を境に，急激に伸びていくことが実感できると思います。そのときがくるまで**継続して学習する**ことが大切です！　本書は，説明→例題→練習問題のスモールステップ形式になっており，継続しやすい構成になっています。

楽しむことが継続し，伸ばす１番の秘訣！

　分からない時は楽しくないと思う人もいるかもしれませんが，分かってくると楽しくなってくるはずです。そのためにも『理解』を重視することがおススメです。基礎が固まり，押さえておくべき考え方，解き方が身についてくると，様々な試行錯誤ができるようになり，正解にもたどり着きやすく，結果的に「楽しく」なってくると思います！　「継続は力なり」という言葉の通り，力をつけるには継続が大切ですし，楽しくないと継続するのは難しいですよね。**ぜひ「数学」そのものを楽しんで学習し，さらに欲をいえば，数学を好きになってくれると嬉しいです。楽しみながら成績を上げる**というのは理想論かもしれませんが，**ぜひ理想の学習で成績を上げていきましょう！**

分かって楽しくなるまで継続しよう！　「好きこそものの上手なれ」楽しくなってくればこっちのもん！

教えて！　小倉先生

Q

**数学Aで出題されやすい分野はどこですか？
できればその分野を集中的に学習したいです。**

　時間が限られているので，数学Aの中でも特に入試で出題されやすい分野を優先して学習したいです。入試に出やすい分野があれば教えて欲しいです。どこの分野を優先すべきでしょうか？

A

大学によりますが，「場合の数・確率」が出題される割合が多いと思います。

　数学Aの中でどの分野が出やすいかは大学によって異なりますが，「場合の数・確率」を出題する大学が多いように思います。ただし，図形の性質に関する知識は「図形と方程式」や「ベクトル」など他の分野を学習するときに必要になりますので，ぜひ**「図形の性質」**もしっかり学習して欲しいです。「数学活用」については，出題範囲とする大学は少ないと思いますので，数学Aの中での優先順位は低いかもしれません。しかし，数学活用の中の「整数」については，他の様々な分野と融合して出題される可能性もありますので，可能であればきちんと学習して欲しいと思います。

教えて！　小倉先生

Q

数学の学習に力を入れているはずなのに，成績が上がりません。なぜでしょうか？

　数学の学習には時間を割いているつもりですが，成績が上がりません。なぜでしょうか？　やはり数学の才能がないのでしょうか？　ここまで頑張ってやってきましたが，心が折れかけています…

A

学習法が適切でない，レベルが合っていない，などの原因が考えられます。先生に相談してみよう！

　問題数をこなすことに精一杯で，理解が疎かになっていませんか？　数学は，正しい学習法で，コツコツと積み上げていけば必ずできるようになります。**やっているのに伸びていないのであれば，「やり方」が正しくない可能性が高い**です。もしくは，自分のレベルに合っていない難しい問題にばかり取り組んでいませんか？　基礎レベルが終わった直後に，大学入試の難問の演習を行っても，大半の人には**レベルが合わず，答えを見ても理解ができずに，成果がほとんど得られないという事が起こり**えます。（このつなげるはそのギャップを埋める書籍です。）あなたが信頼できる先生などに相談し，成績が伸びていない原因を探りましょう！

教えて！　小倉先生

Q

**問題を解くのに時間がかかってしまいます。
それでもよいでしょうか？　不安です。**

　問題を解くのに時間がかかってしまいます。このままで良いのか，それとも早く解けるように，何かしら対策をした方がよいのでしょうか？

A

高１，高２生ならば時間はあまり気にしないでOK♪
受験生であれば，ある程度時間を意識して学習しよう！

　高１，高２生であれば時間はそこまで気にしないでよいと思います。むしろ，受験生になるとじっくり考える時間が取りにくくなるので，**高１，高２生のうちは，あまり時間にしばられずにじっくり考えて欲しい**です。入試には時間制限があるため，受験生であれば時間を意識して解くことも必要です。時間がかかり過ぎてしまう場合は，**どこに時間がかかってしまうかを分析しましょう！**　問題文を理解する部分なのか，計算なのか，解法が思い浮かぶまでが長いのか…etc。例えば，原因が計算にあるのであれば「計算」の対策をし，強化する必要がありますね。原因を探って分析し，その原因を一つ一つ解消していくことが大切です！

KOKOKARA DRILL SERIES
大学入試
TSUNAGERU

小倉の ここから
つなげる
数学A
ドリル

河合塾
小倉悠司

01講　3つの集合の要素の個数は，うまくたしひきして求める！

3つの集合の要素の個数

▶ **ここからつなげる** ここでは，3つの集合の和集合の要素の個数の数え方について学習します。少し複雑ですが，重複分をひいて，ひきすぎたらたして…のように考えて求めます。ベン図を用いて，ていねいに考えていきましょう！

POINT

$$n(A \cup B \cup C) = n(A) + n(B) + n(C) - n(A \cap B) - n(B \cap C)$$
$$- n(C \cap A) + n(A \cap B \cap C)$$

3つの集合について，和集合の要素の個数 $n(A \cup B \cup C)$ を考えてみましょう。

まず，$n(A)$ と $n(B)$ と $n(C)$ をたします。すると，$n(A \cap B)$，$n(B \cap C)$，$n(C \cap A)$ が2回分たされてしまうので，1回分ひきます。しかし，$n(A \cap B \cap C)$ は $n(A)$，$n(B)$，$n(C)$ で3回分たして，$n(A \cap B)$，$n(B \cap C)$，$n(C \cap A)$ で3回分ひいてしまうので，1回分はたしておかなければいけないので，次が成り立ちます。

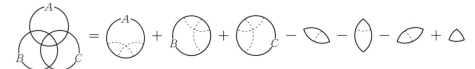

$$n(A \cup B \cup C) = n(A) + n(B) + n(C) - n(A \cap B) - n(B \cap C) - n(C \cap A) + n(A \cap B \cap C)$$

考えてみよう

100以下の自然数の集合を全体集合 U とし，そのうち3の倍数の集合を A，4の倍数の集合を B，7の倍数の集合を C とする。このとき，$n(A \cup B \cup C)$ を求めよ。

$100 \div 3 = 33$ 余り1より，　　　　$A = \{3 \times 1,\ 3 \times 2,\ 3 \times 3,\ \cdots,\ 3 \times 33\}$
　　$n(A) = 33$

$100 \div 4 = 25$ より，$n(B) = 25$　　　$B = \{4 \times 1,\ 4 \times 2,\ 4 \times 3,\ \cdots,\ 4 \times 25\}$

$100 \div 7 = 14$ 余り2より，$n(C) = 14$　　　　　　　　　　$C = \{7 \times 1,\ 7 \times 2,\ 7 \times 3,\ \cdots,\ 7 \times 14\}$

$A \cap B$ は3の倍数かつ4の倍数の集合だから，12の倍数の集合である。

$100 \div 12 = 8$ 余り4より，$n(A \cap B) = 8$　　　　　　$A \cap B = \{12 \times 1,\ 12 \times 2,\ \cdots,\ 12 \times 8\}$

$B \cap C$ は4の倍数かつ7の倍数，すなわち28の倍数の集合であり，$100 \div 28 = 3$ 余り16より，
　　$n(B \cap C) = 3$

$C \cap A$ は7の倍数かつ3の倍数，すなわち21の倍数の集合であり，$100 \div 21 = 4$ 余り16より，
　　$n(C \cap A) = 4$

$A \cap B \cap C$ は84（3と4と7の最小公倍数）の倍数の集合だから，
　　$n(A \cap B \cap C) = 1$　　　$A \cap B \cap C = \{84\}$

よって，
　　$n(A \cup B \cup C) = n(A) + n(B) + n(C) - n(A \cap B) - n(B \cap C) - n(C \cap A) + n(A \cap B \cap C)$
　　　　　　　　　$= 33 + 25 + 14 - 8 - 3 - 4 + 1$
　　　　　　　　　$= 58$

1 200 以下の自然数の集合を全体集合 U とし，そのうち 4 の倍数の集合を A，5 の倍数の集合を B，7 の倍数の集合を C とする。このとき，次の値を求めよ。

(1) $n(A)$, $n(B)$, $n(C)$

(2) $n(A\cap B)$, $n(B\cap C)$, $n(C\cap A)$

(3) $n(A\cap B\cap C)$, $n(A\cup B\cup C)$

CHALLENGE あるクラスの生徒 28 人に好きなスポーツについて尋ねた結果，サッカーが好きな生徒は 12 人，野球が好きな生徒は 15 人，テニスが好きな生徒は 14 人であった。さらに，サッカーも野球も好きな生徒が 6 人，野球もテニスも好きな生徒が 8 人，テニスもサッカーも好きな生徒が 7 人いた。また，サッカー，野球，テニスのどれも好きではない生徒が 3 人いた。このとき，サッカー，野球，テニスのすべてが好きな生徒は何人か。

クラスの生徒 28 人の集合を全体集合 U とし，サッカーが好きな生徒の集合を A，野球が好きな生徒の集合を B，テニスが好きな生徒の集合を C とすると，

$n(U)=$ [ア], $n(A)=$ [イ], $n(B)=$ [ウ], $n(C)=$ [エ],

$n(A\cap B)=$ [オ], $n(B\cap C)=$ [カ], $n(C\cap A)=$ [キ],

$n(\overline{A}\cap\overline{B}\cap\overline{C})=$ [ク]

$n(A\cup B\cup C)=n(U)-n(\overline{A}\cap\overline{B}\cap\overline{C})=$ [ア] $-$ [ク] $=$ [ケ]

$n(A\cup B\cup C)=n(A)+n(B)+n(C)-n(A\cap B)-n(B\cap C)-n(C\cap A)$
$ +n(A\cap B\cap C)$

より，

[ケ] $=$ [イ] $+$ [ウ] $+$ [エ] $-$ [オ] $-$ [カ] $-$ [キ]
$ +n(A\cap B\cap C)$

$n(A\cap B\cap C)=$ [コ]

✔ CHECK
01講で学んだこと

□ $n(A\cup B\cup C)=n(A)+n(B)+n(C)-n(A\cap B)-n(B\cap C)-n(C\cap A)$
$ +n(A\cap B\cap C)$

02講 「＋」は同時に起こらない場合の数を「たす」ときに使う！
「＋」を使うとき

▶ **ここからつなげる** 場合の数を求める際，「＋」を使うのはどのようなときでしょうか？ ぶたが2匹，牛が3匹いるときの動物の総数は，2＋3＝5（匹）と求めますね。このように同時に起こらない事柄の場合の数をたすときに「＋」を使います！

POINT
同時に起こらない場合の数を「たす」ときに「＋」を使う

> **公式**　（和の法則）
>
> 同時に起こらない2つの事柄A，Bに対して，次が成り立ちます。
>
> （AまたはBの起こる場合の数）＝（Aの起こる場合の数）＋（Bの起こる場合の数）

考えてみよう

1000円札，2000円札，5000円札を使って支払いをする。ちょうど15000円を支払う方法は何通りあるか。ただし，どの紙幣も十分な枚数をもっているものとし，使わない紙幣があってもよいとする。

1000円札をx枚，2000円札をy枚，5000円札をz枚使って支払うとすると，x, y, zは0以上の整数で，

$$1000x+2000y+5000z=15000$$
$$x+2y+5z=15 \quad \cdots ①$$
$$5z=15-x-2y$$

> $x \geqq 0, y \geqq 0$だから，
> $5z \leqq 15-0-2 \cdot 0$

よって，zは$5z \leqq 15$，すなわち，$z \leqq 3$をみたす0以上の整数であるから，
$$z=0, 1, 2, 3$$

(i)　$z=0$のとき，①から，$x+2y=15$

x, yは0以上の整数より，
$$(x, y)=(1, 7), (3, 6), (5, 5), (7, 4), (9, 3), (11, 2), (13, 1), (15, 0)$$
の8通り

(ii)　$z=1$のとき，①から，$x+2y=10$

x, yは0以上の整数より，
$$(x, y)=(0, 5), (2, 4), (4, 3), (6, 2), (8, 1), (10, 0) \text{の6通り}$$

(iii)　$z=2$のとき，①から，$x+2y=5$

x, yは0以上の整数より，$(x, y)=(1, 2), (3, 1), (5, 0)$の3通り

(iv)　$z=3$のとき，①から，$x+2y=0$

x, yは0以上の整数より，$(x, y)=(0, 0)$の1通り

(i)〜(iv)は同時には起こらないから，求める場合の数は，
$$8+6+3+1=18（通り）$$

> $z=0, z=1, z=2, z=3$は同時に起こらないから，それぞれの場合の数をたすことで求めることができる！

このように，**同時に起こらない事柄の場合の数をたすときに「＋」を使います！**

1 1 g, 10 g, 50 g の 3 種類の重りを使って 120 g のものを量るとき, 重りの個数の組合せは何通りあるか。ただし, どの重りも十分な個数があり, 使わない重りがあってもよいとする。

1 g の重りを x 個, 10 g の重りを y 個, 50 g の重りを z 個使って 120 g のものを量るとすると, x, y, z は 0 以上の整数で,

$$x + \boxed{}\,y + \boxed{}\,z = 120 \quad \cdots ①$$

$$\boxed{}\,z = 120 - x - \boxed{}\,y$$

x, y は 0 以上の整数より, z は $\boxed{}\,z \leqq 120$, すなわち, $\boxed{}\,z \leqq 12$ をみたす 0 以上の整数であるから,

$$z = \boxed{}, \boxed{}, \boxed{} \quad \left(\boxed{} < \boxed{} < \boxed{}\right)$$

(ⅰ) $z = \boxed{}$ のとき, ①から,

$$x + 10y = \boxed{}$$

この等式をみたす 0 以上の整数 x, y の組は,

$$(x, y) = \left(\boxed{}, 0\right), \left(\boxed{}, 1\right), \left(\boxed{}, 2\right), \cdots, \left(\boxed{}, 12\right)$$

の $\boxed{}$ 通り。

(ⅱ) $z = \boxed{}$ のとき, ①から,

$$x + 10y = \boxed{}$$

この等式をみたす 0 以上の整数 x, y の組は,

$$(x, y) = \left(\boxed{}, 0\right), \left(\boxed{}, 1\right), \left(\boxed{}, 2\right), \cdots, \left(\boxed{}, 7\right)$$

の $\boxed{}$ 通り。

(ⅲ) $z = \boxed{}$ のとき, ①から,

$$x + 10y = \boxed{}$$

この等式をみたす 0 以上の整数 x, y の組は,

$$(x, y) = \left(\boxed{}, 0\right), \left(\boxed{}, 1\right), \left(\boxed{}, 2\right)$$

の $\boxed{}$ 通り。

(ⅰ), (ⅱ), (ⅲ)は同時には起こらないから, 求める場合の数は,

$$\boxed{} + \boxed{} + \boxed{} = \boxed{} \ (通り)$$

✓ CHECK
02講で学んだこと

□ 同時に起こらない場合の数を「たす」ときに「＋」を使う。

03講 「−」は全体から条件をみたさない場合の数を「ひく」ときに使う！

「−」を使うとき

▶ **ここからつなげる** 場合の数を求める際,「−」を使うのはどのようなときでしょうか？直接求めるよりも, 全体から条件をみたさない場合の数をひいた方が楽なときに「−」を使います。同時に起こらない事柄に分けて, どちらが楽かを見極めましょう！

条件をみたさない場合の数をひいた方が楽なときに「−」を使う

　同時に起こらない事柄に分けて, 直接求めた方が楽か, 全体からひいた方が楽かをしっかり考えることが大切です。

> **考えてみよう**
>
> 　大, 中, 小のさいころを投げるとき, 目の積が 4 の倍数となる場合の数を求めよ。
>
> 　目の積が 4 の倍数となる場合は, 偶数の目が 2 つ以上出るか, 少なくとも 1 つ 4 の目が出ればよい。
> 　偶数の目が何個かに着目して, 同時に起こらない場合に分けると, ┄┄┄┄┄ 大, 中, 小のどれで奇数の目が出るか。
> (i)　3 つの目がすべて偶数　⟹　$3 \times 3 \times 3 = 27$ 通り
> (ii)　2 つの目が偶数で, 残り 1 つの目が奇数　⟹　${}_3\mathrm{C}_1 \times (3^2 \times 3) = 81$（通り）
> 　　　┄┄┄┄ 2, 4, 6 のどの目が出るか。　　　　┄┄┄┄ 1, 3, 5 のどの目が出るか。
>
> (iii)　1 つの目が 4 で, 残りの 2 つの目が奇数　⟹　${}_3\mathrm{C}_2 \times (1 \times 3^2) = 27$（通り）
> となり, (i), (ii), (iii)のそれぞれの場合の数をたすことで
> 　　　$27 + 81 + 27 = 135$（通り）
> と求まる。しかし, さいころの数が増えていくと, このように直接求めるのは厳しくなる。そこで,
> **目の積が 4 の倍数にならない**場合を考えてみると, ┄┄┄┄ 4 の倍数でない偶数
> (ア)　3 つの目がすべて奇数（目の積が奇数）
> (イ)　2 つの目が奇数で, 残り 1 つの目が 2 か 6（目の積が 4 の倍数ではない偶数）
> の 2 パターンある。さいころの数が増えてもこの 2 パターンしかない。
> (ア)　3 つの目がすべて奇数となるのは,
> 　　　$3 \times 3 \times 3 = 27$（通り）
> (イ)　2 つの目が奇数で, 残り 1 つの目が 2 か 6 となるのは,
> 　　　${}_3\mathrm{C}_1 \times (3^2 \times 2) = 54$（通り）
> 　(ア), (イ)から, 目の積が 4 の倍数にならない場合の数は,
> 　　　$27 + 54 = 81$（通り）
> 　目の出方の総数は, $6 \times 6 \times 6 = 216$（通り）であるから, 目の積が 4 の倍数となる場合の数は,
> 　　　$216 - 81 = 135$（通り）
>
> 全体（216 通り）
> | (ア)　積が奇数 27 通り |
> | (イ)　積が 4 の倍数でない偶数 54 通り |
> | 積が 4 の倍数 |

　このように, **条件をみたさない場合の数を全体からひいた方が楽なときに**,「−」**を使います。**

1 大, 中, 小 3 個のさいころを同時に投げるとき, 次の場合の数を求めよ。

(1) 出た目の積が 2 の倍数になる場合

　　出た目の積が 2 の倍数となるのは,「少なくとも 1 つ 2 の倍数が出る」場合である。目の出方は全部で,

$$\boxed{\text{ア}} \times \boxed{\text{ア}} \times \boxed{\text{ア}} = \boxed{\text{イ}} \text{（通り）}$$

　　2 の倍数が 1 つも出ない, すなわち, すべて奇数となる目の出方は,

$$\boxed{\text{ウ}} \times \boxed{\text{ウ}} \times \boxed{\text{ウ}} = \boxed{\text{エ}} \text{（通り）}$$

　　出た目の積が 2 の倍数となるのは, 全体から, 出た目の積が奇数, すなわち, すべて奇数の目が出る場合をひけばよく,

$$\boxed{\text{イ}} - \boxed{\text{エ}} = \boxed{\text{オ}} \text{（通り）}$$

(2) 出た目の積が 3 の倍数になる場合

　　出た目の積が 3 の倍数となるのは,「少なくとも 1 つ 3 の倍数が出る」場合である。3 の倍数が 1 つも出ない, すなわち, すべて 3 の倍数以外となる目の出方は,

$$\boxed{\text{カ}} \times \boxed{\text{カ}} \times \boxed{\text{カ}} = \boxed{\text{キ}} \text{（通り）}$$

　　出た目の積が 3 の倍数となるのは, 全体から, 出た目の積が 3 の倍数とならない, すなわち, すべて 3 の倍数以外の目が出る場合をひけばよく,

$$\boxed{\text{イ}} - \boxed{\text{キ}} = \boxed{\text{ク}} \text{（通り）}$$

CHALLENGE 　大, 中, 小 3 個のさいころを同時に投げるとき, 出た目の積が 6 の倍数となる場合の数を求めよ。

　　目の積が 6 の倍数となるのは, 目の積が 3 の倍数であり, かつ 3 個のさいころの目の少なくとも 1 つが偶数の場合である。**1**(2)より, 出た目の積が 3 の倍数となるのは $\boxed{\text{ク}}$ 通り。この中から
　　　　目の積が奇数かつ 3 の倍数
の場合を除けばよい。
　　出た目の積が奇数で 3 の倍数となるのは, 3 個のさいころの目がすべて奇数となる場合から, 3 個のさいころの目がすべて 1 または 5 の場合をひけばよく,

$$\boxed{\text{ケ}} \times \boxed{\text{ケ}} \times \boxed{\text{ケ}} - \boxed{\text{コ}} \times \boxed{\text{コ}} \times \boxed{\text{コ}} = \boxed{\text{サ}} \text{（通り）}$$

　　よって, 求める場合の数は,

$$152 - \boxed{\text{サ}} = \boxed{\text{シ}} \text{（通り）}$$

✔ CHECK
03講で学んだこと

□ 条件をみたさない場合の数を「ひいて」求めた方が楽なときに「−」を使う。

04講 「×」は出る枝の数が等しいときに使う！
「×」を使うとき

▶ ここからつなげる ここでは，「×」を使うときはどのような場合かについて改めて学習します。樹形図において，出る枝の数が等しいとき，「×」を使って場合の数を求めます。3本ずつ出ていたら，樹形図の枝は3倍に広がるから「×3」ですね！

出る枝の数が等しいときに「×」を使う

例えば，$(a+b+c)(x+y)$ を展開すると，

$$(a+b+c)(x+y)=ax+ay+bx+by+cx+cy$$

のようになりますね。つまり，$(a+b+c)(x+y)$ を展開してできる項は，
    (a, b, c) から1つの文字を取り出し，
    (x, y) から1つの文字を取り出して
かけ合わせてつくられます。よって，異なる項の個数は，

$$\underset{\substack{a \\ b \\ c}}{\underline{3}} \times \underset{\substack{x \\ y}}{\underline{2}} = 6(個)$$

出る枝が2本ずつで，枝の数が2倍に広がるから「×2」。

となります。
    このように，**出る枝の数が等しいときに「×」を使って**求めます。

例 $(a+b+c)(p+q+r+s)(x+y)$ を展開すると，異なる項は何個できるか。

    $(a+b+c)(p+q+r+s)(x+y)$ を展開してできる項は，
        $(a, b, c), (p, q, r, s), (x, y)$
から，それぞれ1つずつ文字を取り出してかけ合わせてつくられます。
    よって，異なる項の個数は，

$$\underline{3} \times \underline{4} \times \underline{2} = 24(個)$$

例題

$(a+b)(p+2q+3r)(x+2y+3z)$ を展開すると，異なる項は何個できるか。

....

展開してできる項は，
    $(a, b), (p, 2q, 3r), (x, 2y, 3z)$
からそれぞれ1つずつ取り出してかけ合わせてつくられる。
    よって，異なる項は，

$$\boxed{}^{ア} \times \boxed{}^{イ} \times \boxed{}^{ウ} = \boxed{}^{エ} (個)$$

---

1 $(a+2b)(p-q+r-s)(3x-y)$ を展開すると，異なる項は何個できるか。

2 10 円硬貨 4 枚，50 円硬貨 1 枚，100 円硬貨 3 枚があるとき，これらの一部または全部を使ってちょうど支払うことのできる金額は何通りあるか。ただし，少なくとも 1 枚の硬貨は使うものとする。

それぞれの硬貨の使い方は 10 円硬貨が〔ア〕通り，50 円硬貨が〔イ〕通り，100 円硬貨が〔ウ〕通りだから，硬貨を 1 枚も使わない場合も含めて支払うことのできる金額は，

10 円硬貨　　　50 円硬貨　　　100 円硬貨

〔ア〕 × 〔イ〕 × 〔ウ〕 = 〔エ〕（通り）

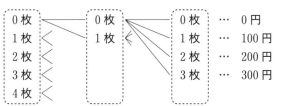

よって，ちょうど支払うことができる金額は，〔エ〕通りから，硬貨を 1 枚も使わない場合，すなわち 0 円になる場合をひけばよく，

〔エ〕 − 〔オ〕 = 〔カ〕（通り）

CHALLENGE　10 円硬貨 2 枚，50 円硬貨 3 枚，100 円硬貨 3 枚があるとき，これらの一部または全部を使ってちょうど支払うことのできる金額は何通りあるか。ただし，少なくとも 1 枚の硬貨は使うものとする。

HINT　50 円硬貨 2 枚は 100 円硬貨 1 枚と同じ金額を表すことに注意しよう。

✓ CHECK
04講で学んだこと

□ 出る枝の数が等しいときに「×」を使って場合の数を求める。

05講 0は最高位にこられないことに注意！
順列の応用

▶ ここからつなげる 今回は，整数をつくる問題を扱います。「0」が含まれている場合は，0は最高位にこられません。2の倍数となる条件は一の位が2の倍数，3の倍数となる条件は各位の数の和が3の倍数など，倍数の判定法まで押さえておくとよいです。

POINT 0は最高位にこられないことに注意する

考えてみよう

6個の数字0, 1, 2, 3, 4, 5から異なる4個の数字を用いて4桁の整数をつくるとき，3の倍数は何個つくれるか。

> 41講参照。

3の倍数になる条件は「**各位の数の和が3の倍数**」，0を含む場合は，「**0は最高位にこられない**」ことに注意して，ていねいに数える。

6個の数字を3でわった余りで分類すると，次のようになる。

(ア)　3の倍数（3でわった余りが0）　…0, 3
(イ)　3でわった余りが1　　　　　 …1, 4
(ウ)　3でわった余りが2　　　　　 …2, 5

4個の数の和が3の倍数になるのは，次の(i), (ii)の2つの場合がある。

(i)　0を含む場合，残り3つは(ア), (イ), (ウ)からそれぞれ1つずつ選べばよいから，4個の数字の組合せは，

> 0は3の倍数だから，残り3つの和も3の倍数になり，余りの合計が3の倍数になるのはこの場合に限る！

$$\{0, 3, 1, 2\}, \{0, 3, 1, 5\},$$
$$\{0, 3, 4, 2\}, \{0, 3, 4, 5\}$$

> 「0」は最高位にこられない。

1つの組について，千の位は0以外であるから，
4桁の整数のつくり方は，

$$3 \times 3! = 18 (個)$$

4組あるので，4桁の整数のつくり方は，

$$18 \times 4 = 72 (個)$$

(ii)　0を含まない場合，(イ), (ウ)からそれぞれ2つずつ選べばよいから，4個の数字の組合せは，

$$\{1, 2, 4, 5\}$$

4桁の整数のつくり方は，

$$4! = 24 (個)$$

(i), (ii)は同時には起こらないので，求める場合の数は，

$$72 + 24 = 96 (個)$$

演習

1 6個の数字 0, 1, 2, 3, 4, 5 から異なる3個の数字を取り出して3桁の整数をつくるとき，次の整数は何個つくれるか。

⑴ 2の倍数

2の倍数となるのは，一の位が2の倍数となるときである。

(ⅰ) 一の位が「2, 4」のとき，

$$\boxed{\text{ア}} \times \boxed{\text{イ}} \times \boxed{\text{ウ}} = \boxed{\text{エ}} \text{（個）}$$

（一・百・十）

(ⅱ) 一の位が0のとき，

$$\boxed{\text{オ}} \times \boxed{\text{カ}} \times \boxed{\text{キ}} = \boxed{\text{ク}} \text{（個）}$$

（一・百・十）

(ⅰ), (ⅱ)は同時には起こらないから，2の倍数は，

$$\boxed{\text{エ}} + \boxed{\text{ク}} = \boxed{\text{ケ}} \text{（個）}$$

⑵ 3の倍数

3の倍数となるのは，各位の数の和が3の倍数となる場合である。

(ⅰ) 0を含む場合，残り2つは3でわった余りが1の数と3でわった余りが2の数を1つずつ選べばよいから，3個の数字の組合せは，

$$\{0, \boxed{\text{コ}}, 2\}, \{0, \boxed{\text{サ}}, 4\}, \{0, 1, \boxed{\text{シ}}\}, \{0, \boxed{\text{ス}}, 5\}$$

百の位は0以外であり，4組あるので，3の倍数となる3桁の整数は，

$$(\boxed{\text{セ}} \times \boxed{\text{ソ}} !) \times 4 = \boxed{\text{タ}} \text{（個）}$$

(ⅱ) 0を含まない場合，3の倍数，3でわった余りが1の数，3でわった余りが2の数をそれぞれ1つずつ選べばよいから，3個の数字の組合せは，

$$\{1, 2, \boxed{\text{チ}}\}, \{2, 3, \boxed{\text{ツ}}\}, \{1, \boxed{\text{テ}}, 5\}, \{3, \boxed{\text{ト}}, 5\}$$

4組あるので，3の倍数となる3桁の整数は，

$$\boxed{\text{ナ}} ! \times 4 = \boxed{\text{ニ}} \text{（個）}$$

(ⅰ), (ⅱ)は同時には起こらないので，求める場合の数は，

$$\boxed{\text{タ}} + \boxed{\text{ニ}} = \boxed{\text{ヌ}} \text{（個）}$$

✓ CHECK
05講で学んだこと

☐ 0は最高位にこられないことに注意する。
☐ 2の倍数となる条件は一の位が2の倍数。
☐ 3の倍数となる条件は各位の数の和が3の倍数。

06講　数が小さい順に変換して調べ上げる！
辞書式に並べる順列

▶ここからつなげる　ここでは,「辞書式配列」について学習します。アルファベット順や50音順などの規則に従って並べる方法を辞書式配列といいます。○△□…という文字列は何番目か, ○○番目の文字列は何かなどを求められるようになりましょう！

A→1, B→2, C→3, D→4, E→5 とし, 数が小さい順に変換する

考えてみよう

A, B, C, D, E の5文字を, ABCDE から EDCBA までアルファベット順に並べるとき, CBAED は何番目の文字列か。

アルファベット順よりも数が小さい順の方が考えやすいので,

A→1, B→2, C→3, D→4, E→5　…(★)

として, アルファベット順を**数が小さい順に変換**する。「CBAED」は「32154」に対応する。よって,「32154」が小さい方から数えて何番目かを求める。

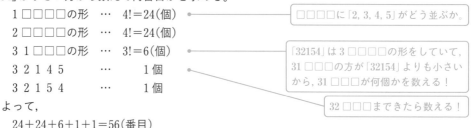

1 □□□□ の形　…　4!＝24(個)
2 □□□□ の形　…　4!＝24(個)
3 1 □□□ の形　…　3!＝6(個)
3 2 1 4 5　…　1個
3 2 1 5 4　…　1個
よって,
24＋24＋6＋1＋1＝56(番目)

□□□□に「2, 3, 4, 5」がどう並ぶか。

「32154」は 3 □□□□ の形をしていて, 31 □□□ の方が「32154」よりも小さいから, 31 □□□ が何個かを数える！

32 □□□ までできたら数える！

考えてみよう

A, B, C, D, E の5文字を, ABCDE から EDCBA までアルファベット順に並べるとき, 80番目の文字列を求めよ。

(★)のように変換して, 80番目に小さい数を求める。

1 □□□□ の形　…　4!＝24(個)
2 □□□□ の形　…　4!＝24(個)　計48個
3 □□□□ の形　…　4!＝24(個)　計72個
4 1 □□□ の形　…　3!＝6(個)　計78個
4 2 1 3 5　…　1個　計79個
4 2 1 5 3　…　1個　計80個

72＋4!＝96 で 80 を超えるから, 80 番目は 4 □□□□ の形。
⟹　41 □□□ の形が何個あるか数える。

80番目は「42153」であり 1→A, 2→B, 3→C, 4→D, 5→E だから, 「42153」は「DBAEC」に対応する。

よって, 80番目の文字列は,
DBAEC

1 a, g, o, r, u の 5 文字を並べたものを, agoru から uroga までアルファベット順に並べるとき, 次の問いに答えよ。

(1) ogura は何番目の文字列か。

(2) 47 番目の文字列を求めよ。

✔ CHECK
06講で学んだこと

□ A → 1, B → 2, C → 3, D → 4, E → 5 として, アルファベット順を数が小さい順に変換する。

07講 空の部屋があってもよい場合は重複順列！

3部屋への分け方

▶ここからつなげる　今回は，3部屋への分け方について学習していきます。空の部屋があってもよい場合の分け方は重複順列の考え方を利用すれば比較的求めやすいので，そこから条件をみたさない場合をひくことで，空の部屋がない分け方を求めます。

（空の部屋がない）＝（空の部屋があってもOK）−（2部屋空）−（1部屋空）

考えてみよう

①〜⑤の5人をA，B，Cの3つの部屋に入れる。

(1)　空の部屋があってもよいとしたときの入れ方は何通りあるか。

(2)　Aの部屋のみが空になる入れ方は何通りあるか。

(3)　空の部屋がない入れ方は何通りあるか。

(1)　①〜⑤にはそれぞれ「AかBかC」の3通りずつの入り方があるから，

①　②　③　④　⑤

$3 \times 3 \times 3 \times 3 \times 3 = 3^5 = 243$（通り）

A　A　A　A　A
B　B　B　B　B
C　C　C　C　C

(2)　①〜⑤を「BかC」の2部屋に分ける分け方から，

「全員がBに入る」，「全員がCに入る」の2通りをひけばよく，

$2^5 - 2 = 32 - 2 = 30$（通り）

①　②　③　④　⑤
$2 \times 2 \times 2 \times 2 \times 2$
B　B　B　B　B
C　C　C　C　C
から，全員B，全員Cを除く。

(3)　　　（空の部屋がない）＝（空の部屋があってもよい場合）−（2部屋空）−（1部屋空）

のように求める。

(ⅰ)　2部屋が空になる場合

「全員がAに入る」，

「全員がBに入る」，

「全員がCに入る」

の3通り。

(ⅱ)　1部屋が空になる場合

「Aのみが空」になるのは，(2)より，

30通り

「Bのみが空」，「Cのみが空」になる入れ方も同

様に30通り。

以上より，空の部屋がない入れ方は，

$243 - 3 - 30 \times 3 = 150$（通り）

〈空の部屋があってもよい〉（243通り）		
〈空の部屋がない〉（求める場合の数）		
〈2部屋が空〉		
「全員がAに入る」　「全員がBに入る」		
「全員がCに入る」		3通り
〈1部屋のみ空〉		
「Aのみ空」	「Bのみ空」	「Cのみ空」
30通り	30通り	30通り

1 ①〜⑧の 8 人を A, B, C の 3 つの部屋に入れる。

(1) 空の部屋があってもよいとしたときの入れ方は何通りあるか。

(2) 空の部屋がない入れ方は何通りあるか。

CHALLENGE ①〜⑥の 6 人を区別できない 3 つの部屋に分けるとき, ①, ②を別々の部屋に入れる方法は何通りあるか。ただし, 空の部屋はないものとする。

✔ **CHECK**
07講で学んだこと

☐ 3 部屋への分け方は,
(空の部屋がない)＝(空の部屋があってもよい場合)−(2 部屋空)−(1 部屋空)

08講　円順列は，ある人からみた風景の種類！
円順列の応用

▶ここからつなげる　今回は，円順列の応用問題，同じものを含む円順列について学習します。円順列は，回転して一致するものは同じ並べ方とみなす順列であり，これは「ある人からみた風景の種類」として数えることができます。

POINT 1　円順列はある人からみた風景の種類

考えてみよう

A, B, C, Dの男子4人, e, f, gの女子3人が円卓を囲むとき，Aの両隣の少なくとも一方に女子が座る座り方は何通りあるか。

求める座り方は，全体から

Aの両隣に男子が座る場合

をひくことで求められる。

Aの両隣が男子になる座り方は，

$$_3P_2 \times 4! = 6 \times 24 = 144（通り）$$

両隣にB, C, Dのだれがくるか。

②, ③, ④, ⑤に残り4人がどう座るか（Aからみた風景の種類）。

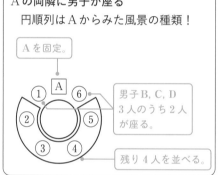

Aの両隣に男子が座る
円順列はAからみた風景の種類！

Aを固定。

男子B, C, D
3人のうち2人が座る。

残り4人を並べる。

よって，求める座り方は，

（全体）－（Aの両隣が男子）＝$(7-1)! - 144 = 720 - 144 = 576$（通り）

POINT 2　同じものを含む円順列は1つだけのものからみた風景の種類

例　白玉が4個，黒玉が3個，赤玉が1個ある。これらを円形に並べる方法は何通りあるか。

同じものを含むものを円形に並べる場合の数は，

1つだけのものからみた風景の種類

を数えることで求めることができます。今回は，赤玉が1つなので，赤玉からみえる風景の種類が求める場合の数となります。

白玉4個，黒玉3個を右の図の①～⑦に並べる並べ方が求める場合の数だから，

$$\frac{7!}{4!3!} = 35（通り）$$

①～⑦に○○○○●●●
（白玉4個，黒玉3個）がどう並ぶかが，赤玉からみた風景の種類！

1 身長の異なる6人の生徒を，身長の高い順にA, B, C, D, E, Fとする。この6人を円形に並べるとき，Cの両隣の少なくとも一方にCより身長の高い生徒が並ぶ並び方は何通りあるか。

2 白玉2個，黒玉2個，青玉2個，赤玉1個がある。これらを円形に並べる方法は何通りあるか。

CHALLENGE 正五角錐の各面を異なる6色をすべて使って塗る方法は何通りあるか。ただし，立体を回転させて一致する塗り方は同じとみなす。

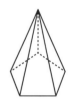

\\ i /
HINT 側面の塗り方は円順列になることに注意しよう。

✓ CHECK
08講で学んだこと

☐ 円順列はある人からみた風景の種類を数える。
☐ 同じものを含む円順列は1つだけのものからみた風景の種類を数える。

09講　じゅず順列の総数は円順列の総数の半分！
じゅず順列

▶ ここからつなげる　今回は, じゅず順列について学習します。円順列は回転して一致するものですが, じゅず順列は回転だけでなく, 裏返して一致するものも 1 通りとして数えます。じゅず順列の総数を求められるようになりましょう。

じゅず順列は (円順列)÷2

円順列のうち, **裏返して一致するものは同じ**とみなした順列をじゅず順列といいます。

例えば, 異なる 4 つの球にひもを通してネックレスをつくるとき, つくり方が何通りあるか求めてみましょう。

まず, 異なる 4 つの円順列は, $(4-1)!=6$ (種類) あります。

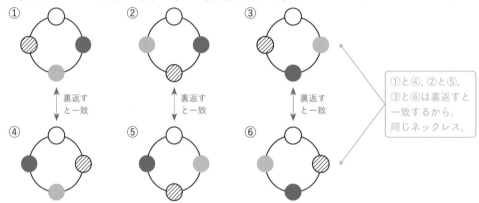

①と④, ②と⑤, ③と⑥は裏返すと一致するから, 同じネックレス。

どの円順列も, **裏返すと他のどれか 1 つの円順列と一致する**から, じゅず順列の総数は円順列の半分になります。

よって, ネックレスのつくり方は全部で

$$\frac{(4-1)!}{2}=3 (通り)$$

公式　じゅず順列

異なる n 個のもののじゅず順列の総数は,

$$\frac{円順列の総数}{2}=\frac{(n-1)!}{2}$$

例題

異なる 8 個の玉をつないでネックレスをつくる方法は何通りあるか。

- -

異なる 8 個の玉を円形に並べたもののうち, 裏返して一致するものは同じものと考えるので,

$$\frac{\left(8-\boxed{^{ア}}\right)!}{\boxed{^{イ}}}=\boxed{^{ウ}}(通り)$$

1 異なる7個の宝石でネックレスをつくるとき, 何種類のネックレスがつくれるか。

2 異なる7個の宝石から4個を取り出し, ネックレスをつくるとき, 何種類のネックレスがつくれるか。

CHALLENGE 白玉が4個, 黒玉が3個, 赤玉が1個ある。これらの玉をひもに通してネックレスをつくる方法は何通りあるか。

赤玉を固定して考えると, 円形に並べる方法は,

$$\frac{7!}{4!3!}=35(通り)$$

このうち, 裏返して一致するものは,

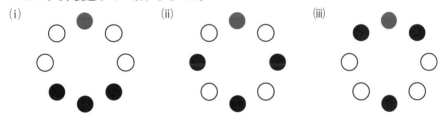

(i)　　　　　　　　(ii)　　　　　　　　(iii)

の $\boxed{}^{ア}$ 通り。

残りの $\left(35-\boxed{}^{ア}\right)$ 通りの円順列1つ1つに対して, 裏返すと一致するものが他に必ず1つずつあるから, ネックレスをつくる方法は, 全部で

$$\boxed{}^{ア}+\frac{35-\boxed{}^{ア}}{\boxed{}_{イ}}=\boxed{}^{ウ}(通り)$$

✔ CHECK
09講で学んだこと

□ (じゅず順列の総数)＝$\dfrac{(円順列の総数)}{2}$

10講 「÷」は○通りを1通りとみるときに使う！

組分け（「÷」を使うとき）

▶ここからつなげる　今回は，組分けについて学習します。異なるものをいくつかの名前のないグループに分けるとき，そのグループの中身が同じ個数であればグループに区別はありませんね。グループに区別がつかない場合の分け方について学習します。

POINT

「÷」は○通りを1通りとみるときに使う

　考えてみよう

①〜⑥の6人を2人ずつの3グループに分ける方法は何通りあるか。

グループをA, B, Cと区別して分けると，

$$\overset{A}{_6C_2} \times \overset{B}{_4C_2} \times \overset{C}{_2C_2} = \frac{6 \cdot 5}{2 \cdot 1} \times \frac{4 \cdot 3}{2 \cdot 1} \times 1 = 90 (通り)$$

{①②}──{③④}──{⑤⑥}
{①③}　　{③⑤}
　⋮　　　　⋮
　⋮　　　{⑤⑥}
{⑤⑥}

> A　　　B　　　C
> {①②}, {③④}, {⑤⑥}
> と
> A　　　B　　　C
> {⑤⑥}, {①②}, {③④}
> は同じものとして考える！

この90通りには，グループの区別をなくすと，右下のように同じものになるものが含まれている。

グループに区別あり

A	B	C
{①②}	{③④}	{⑤⑥}
{①②}	{⑤⑥}	{③④}
{③④}	{①②}	{⑤⑥}
{③④}	{⑤⑥}	{①②}
{⑤⑥}	{①②}	{③④}
{⑤⑥}	{③④}	{①②}

3!通り

グループに区別なし

{①②}　{③④}　{⑤⑥}
1通り

> グループに区別がないときは，左の3!通りは同じ分け方と数える。

人が{①②}　{③④}　{⑤⑥}と分かれる場合は，

　　グループに区別あり：3!通り　　　グループに区別なし：1通り

同様に，人が{③⑤}　{①⑥}　{②④}と分かれる場合も，

　　グループに区別あり：3!通り　　　グループに区別なし：1通り

となる。よって，グループに区別をつけた分け方（$_6C_2 \times _4C_2 \times _2C_2$ 通り）の

3!通りを1通りとみたもの

がグループに区別がない分け方より，

$$\frac{_6C_2 \times _4C_2 \times _2C_2}{3!} = \frac{90}{6} = 15 (通り)$$

このように，「÷」は○通りを1通りとみるときに使うことを押さえておきましょう。

演習

1 ①～⑫の 12 人を 3 人ずつの 4 グループに分ける方法は何通りあるか。

CHALLENGE ①～⑪の 11 人を 1 人, 1 人, 2 人, 2 人, 2 人, 3 人の 6 グループに分ける方法は何通りあるか。

手順1 ：グループに名前をつけて区別したときの分け方を考える。

A(1 人)　　B(1 人)　　C(2 人)　　D(2 人)　　E(2 人)　　F(3 人)

$_{11}C_1$ $\times$ $_{10}C_1$ $\times$ $_9C_2$ $\times$ $_7C_2$ $\times$ $_5C_2$ $\times$ $_3C_3$ (通り)

手順2 ：グループの区別をなくしたときと区別があるときの対応を考える。

A	B	C	D	E	F		区別なし
{①}	{②}	{③④}	{⑤⑥}	{⑦⑧}━{⑨⑩⑪}			
{②}	{①}	{③④}	{⑦⑧}	{⑤⑥}			{①}　{②}　{③④}　{⑤⑥}
		{⑤⑥}	{③④}	{⑦⑧}			{⑦⑧}　{⑨⑩⑪}
		{⑤⑥}	{⑦⑧}	{③④}			
		{⑦⑧}	{③④}	{⑤⑥}			
		{⑦⑧}	{⑤⑥}	{③④}			

$\boxed{\overset{ア}{～}}$! $\boxed{\overset{イ}{～}}$! 通り　　　　　　　　　1 通り

人数が同じ
{①}　{②}の並べ方。

人数が同じ
{③④}　{⑤⑥}　{⑦⑧}の並べ方。

よって, 11 人を 1 人, 1 人, 2 人, 2 人, 2 人, 3 人の 6 グループに分ける方法は,

$$\frac{_{11}C_1\times{}_{10}C_1\times{}_9C_2\times{}_7C_2\times{}_5C_2\times{}_3C_3}{\boxed{ア}!\,\boxed{イ}!}=\boxed{ウ}\ (通り)$$

CHECK
10講で学んだこと

□ 「÷」は○通りを 1 通りとみるときに使う。

11講 重複組合せは○と｜（仕切り）の並べ方との1対1対応を考える！

重複組合せ⑴

▶ **ここからつなげる** 異なる n 種類のものから，重複を許して（同じものをくり返し取ることを許して）r 個取る組合せを「重複組合せ」といいます。今回はこの重複組合せの求め方を学習していきます。少し特殊ですが，考え方をしっかり押さえましょう！

重複組合せは，○と｜の並べ方との1対1対応を考える

▶ **考えてみよう**

A, B, C の 3 種類の文字から重複を許して（同じものをくり返し取ることを許して）6 個選ぶとき何通りの選び方があるか。

⒤　A が 0 個のとき，(B 6 個)，(B 5 個，C 1 個)，…，(C 6 個) の 7 通り
⒥　A が 1 個のとき，……

のように，同時に起こらない事柄に場合を分けて求めることもできるが，大変…。
　この問題は，

○と｜（仕切り）の並べ方との1対1対応を考える

ことで求めることができる。
　6 個の○と 2 本の｜を並べて，次のように考える。

　　左の仕切りの左側にある○の個数を A の個数，
　　左の仕切りと右の仕切りの間にある○の個数を B の個数，
　　右の仕切りの右側にある○の個数を C の個数

A 3 個，B 2 個，C 1 個であれば，次のような並べ方と対応する。

A 3 個，B 2 個，C 1 個　　　　A の領域　　B の領域　　C の領域
{A, A, A, B, B, C} ←1対1対応→ ○　○　○　｜　○　○　｜　○

　3 つの領域に分けるには，2 本の仕切りが必要である。一般に，
「(仕切りの数)＝(分けたい領域の数)−1」となる。他の例もみてみよう。

A 2 個，B 0 個，C 4 個　　　　A　　B　　　C
{A, A, C, C, C, C} ←1対1対応→ ○　○｜｜○　○　○　○

> A が 2 個，B が 0 個，C が 4 個
> のときは，
> 　○○｜｜○○○○
> という並べ方になり；逆に，
> 　○○｜｜○○○○
> と並べば，
> A が 2 個，B が 0 個，C が 4 個
> という選び方になる！

　このように考えると，
　　「**A, B, C から重複を許して 6 個選ぶ選び方の総数**」
と
　　「**○○○○○○｜｜の並べ方の総数**」
は**一致**する。
　よって，求める場合の数は，**6 個の○と 2 本の｜（仕切り）の並べ方**と同数あるので，

$$\frac{8!}{6!2!}＝28（通り）$$

> ○ 6 個，｜ 2 本の並べ方より，
> 同じものを含む順列の公式を利用。

1 A, B, C, D の 4 種類の文字から重複を許して 7 個取り出すとき, 取り出し方は何通りあるか。

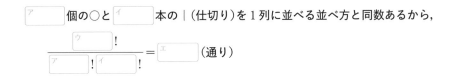

$\boxed{}^{ア}$ 個の○と $\boxed{}^{イ}$ 本の｜(仕切り)を 1 列に並べる並べ方と同数あるから,

$$\frac{\boxed{}^{ウ}!}{\boxed{}^{ア}!\boxed{}^{イ}!}=\boxed{}^{エ}\text{(通り)}$$

(参考) A, B, C, D の 4 種類に分けるから, 仕切り棒は 4−1＝3 本である。
例えば, 以下のように対応する。

$$\{A, A, B, C, D, D, D\} \xleftrightarrow{\text{1対1対応}} \begin{array}{c} A \quad B \; C \quad\quad D \\ ○\;○\,|\,○\,|\,○\,|\,○\;○\;○ \end{array}$$

$$\{A, A, B, B, B, D, D\} \xleftrightarrow{\text{1対1対応}} \begin{array}{c} A \quad\quad B \quad C\; D \\ ○\;○\,|\,○\;○\;○\,|\,|\,○\;○ \end{array}$$

2 x, y, z の 3 種類の文字から重複を許して 8 個取り出すとき, 取り出し方は何通りあるか。

CHALLENGE　A, B, C, D の 4 種類の文字から重複を許して 7 個取り出すとき, 取り出し方は何通りあるか。ただし, どの文字も少なくとも 1 個は取り出すものとする。

HINT　A, B, C, D を 1 個ずつ取り出しておいて, 残り 3 個をどう取り出すかを考えればよい。

✔**CHECK**
11講で学んだこと

□ 重複組合せは, ○と｜(仕切り)の並べ方との 1 対 1 対応を考える。

12講 区別できないものを区別できるものに分けるときも○と│(仕切り)を利用！

重複組合せ(2)

▶ **ここからつなげる** ここでは，区別できないものを区別できるものに分ける分け方の総数や，$x+y+z=6$ をみたす 0 以上の整数の組 (x, y, z) の求め方について学習します。これも重複組合せ同様に○と│(仕切り)の並べ方に対応させて考えます。

POINT 1 区別できないものを区別できるものに分けるときも○と│で考える

例 6個のりんごをAさん，Bさん，Cさんの3人に分配する方法は何通りあるか。ただし，1個ももらわない人がいてもよいものとする。

Aさんが1個，Bさんが2個，Cさんが3個もらうことを

```
A      B       C
○ │ ○  ○ │ ○  ○  ○
```

と表すことにすると，

> 仕切りに関して，1番左がAの取り分，真ん中がBの取り分，1番右がCの取り分。

Aさん4個，Bさん2個，Cさん0個 ←—1対1対応—→ ○ ○ ○ ○ │ ○ ○ │

Aさん2個，Bさん1個，Cさん3個 ←—1対1対応—→ ○ ○ │ ○ │ ○ ○ ○

このような1対1対応を考えれば，求める場合の数は「**○○○○○○││の並べ方の総数**」と同数あることがわかります。よって，

$$\frac{8!}{6!2!}=28\,(通り)$$

POINT 2 整数解の個数も○と│の並べ方と1対1対応させる

例 $A+B+C=6$ をみたす 0 以上の整数の組 (A, B, C) は何通りあるか。

$(A, B, C)=(1, 2, 3)$ を

```
A    B     C
○ │ ○  ○ │ ○  ○  ○
```

と表すことにすると，

> 左の仕切りの左側にある○の個数が整数 A の値，仕切りと仕切りの間にある○の個数が整数 B の値，右の仕切りの右側にある○の個数が整数 C の値。

○ ○ ○ ○ │ │ ○ ○ ←—1対1対応—→ $(A, B, C)=(4, 0, 2)$

このような1対1対応を考えれば，求める場合の数は「**○○○○○○││の並べ方の総数**」と同数あることがわかる。よって，

$$\frac{8!}{6!2!}=28\,(通り)$$

・A, B, Cの3種類の文字から重複を許して6個選ぶ
・6個のりんごをAさん，Bさん，Cさんの3人に分配する
・$A+B+C=6$ をみたす 0 以上の整数の組 (A, B, C)

> 6個の○と2本の│の並べ方と1対1に対応する

はすべて○と│の並べ方に対応させて考えることができます。

演習

1 9個のりんごを A さん，B さん，C さん，D さんの 4 人に分けるとき，分け方は何通りあるか。ただし，1 個ももらわない人がいてもよいものとする。

2 $x+y+z+w=10$ をみたす 0 以上の整数の組 (x, y, z, w) は何通りあるか。

CHALLENGE   次の問いに答えよ。

⑴ $x+y+z+w=12$ $(x\geqq0, y\geqq1, z\geqq2, w\geqq3)$ をみたす整数の組 (x, y, z, w) は何通りあるか。

⑵ 1 個のさいころを 4 回振ったときの出る目を順に a, b, c, d とする。$a\leqq b\leqq c\leqq d$ となる目の出方は何通りあるか。

HINT ⑴ $y\geqq1, z\geqq2, w\geqq3$ だから，y に 1，z に 2，w に 3 を先に与えておき，残り $12-(1+2+3)=6$ を x, y, z, w にどうわり振るかを考えよう！
⑵ 4 個の○と 5 本の｜(仕切り)を 1 列に並べ方を考えて，次のように対応させる。

```
 1 2  3    4 5 6        (a, b, c, d)
○｜｜○○｜｜｜○  ←――――→  (1, 3, 3, 6)
｜○｜｜○○○｜｜  ←――――→  (2, 4, 4, 4)
```
(左の○から順に a, b, c, d と対応させる)

✔CHECK
12講で学んだこと

□ 区別できないものを区別できるものに分けるときも○と｜で考える。
□ 整数解の個数も○と｜の並べ方を 1 対 1 対応させる。

13講 順列の考え方や公式を利用して確率を求められる！

順列と確率

▶ ここからつなげる ここでは「順列と確率」について学習します。確率は場合の数の比だから，順列の公式を利用して確率を求められます。ここでは，順列の考え方や公式を利用して確率を求めて，さらに上手に計算ができるようになりましょう！

確率の計算において「**Pや階乗，C を使うとき**」や「**数が大きくなるとき**」などは約分をしてから計算をするのがオススメです！

POINT 1 順列の考え方を利用して確率を求める

例　$\boxed{0}, \boxed{1}, \boxed{2}, \boxed{3}, \boxed{4}$ の 5 枚のカードから 3 枚を取って 1 列に並べて整数をつくるとき，3 桁の偶数となる確率を求めよ。ただし，$\boxed{0}\boxed{1}\boxed{2}$ などは 12 を表すものとする。

5 枚のカードから 3 枚を取って 1 列に並べる場合の数の総数は

$_5\mathrm{P}_3$ 通り ●

百	十	一
$5 \times 4 \times 3$		
0	1	2
1	2	3
2	3	4
3	4	
4		

できた整数が 3 桁の偶数となるのは

　　一の位が偶数 (0, 2, 4) かつ**百の位が 0 でない**場合

だから，**2 つの条件に共通している「0」が一の位にあるかどうかで場合分け**します。

（ⅰ）　一の位が 0 のとき

　　　　　一　　百　　十
　　　　$\underline{1} \times \underline{4} \times \underline{3} = 12$（通り）
　　　　　0 ― 1 ― 2
　　　　　　　　　 2 ― 3
　　　　　　　　　 3 ― 4
　　　　　　　　　 4

（ⅱ）　一の位が 2, 4 のとき

　　　　　一　　百　　十
　　　　$\underline{2} \times \underline{3} \times \underline{3} = 18$（通り）
　　　　　2 ― 1 ― 0
　　　　　4 ― 3 ― 3
　　　　　　　　 4 ― 4

（ⅰ），（ⅱ）より，求める確率は，

$$\frac{12+18}{_5\mathrm{P}_3} = \frac{30}{5 \cdot 4 \cdot 3} = \frac{1}{2}$$

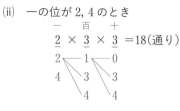

$\dfrac{\overset{1}{\cancel{30}}^{\,6}}{\underset{1}{\cancel{5 \cdot 4 \cdot 3}}_{\,2}}$ のようにかけ算を計算する前に約分する。

POINT 2 円順列を利用した確率

例　両親（父, 母）と子ども 4 人の合計 6 人が無作為に円形に並ぶ。このとき，両親が向かい合って並ぶ確率を求めよ。

父を固定して考えると，6 人の円形の並び方は，

　　$(6-1)! = 5!$（通り）

父の向かいとして，母の位置は決まる。
残りの子ども 4 人の並び方は 4! 通り
よって，求める確率は，

$$\frac{4!}{5!} = \frac{4!}{5 \times 4!} = \frac{1}{5}$$

$5! = 5 \cdot 4 \cdot 3 \cdot 2 \cdot 1 = 5 \times 4!$
として約分する！

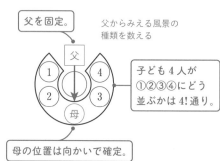

父を固定。

父からみえる風景の種類を数える

子ども 4 人が①②③④にどう並ぶかは 4! 通り。

母の位置は向かいで確定。

演 習

1 ⓪, ①, ②, ③, ④, ⑤ の 6 枚のカードから 4 枚のカードを無作為に取って 1 列に並べ, 整数をつくる。ただし, ⓪②①③ などは 213 を表すものとする。このとき, できた整数が 4 桁の 5 の倍数となる確率を求めよ。

2 男子 A, B, C の 3 人, 女子ア, イ, ウの 3 人が円形に並べられた座席に無作為に座る。

(1) 男女が交互に座る確率を求めよ。

(2) 女子 3 人が隣り合う確率を求めよ。

✔ CHECK
13講で学んだこと

□ 確率はできるだけ約分してから計算！

14講 排反な事象に分けて $P(A \cup B) = P(A) + P(B)$ を利用！

排反事象

▶ここからつなげる 事象 A と B が排反なときは，$P(A \cup B) = P(A) + P(B)$ が成り立つことを利用して，$A \cup B$ の確率を求めることができます。求める事象を排反な事象に分けることができるときは，排反な事象に分けて確率を計算します。

POINT 排反な事象に分けて考える

事象 A と B が排反なとき，$P(A \cup B) = P(A) + P(B)$ が利用できるので，「**排反な事象に分けて考える**」ことが基本になります！

事象 A, B, C が互いに排反のときも同様に
$$P(A \cup B \cup C) = P(A) + P(B) + P(C)$$
が成り立ちます。

例　3個のさいころを同時に投げるとき，出た目の数の和が6になる確率を求めよ。

3個のさいころを X, Y, Z として区別し，出る目をそれぞれ x, y, z とすると，目の出方は全部で 6^3 通り

まず和が6になる出る目の組合せを考えると，
$$\{1, 1, 4\}, \{1, 2, 3\}, \{2, 2, 2\} \bullet$$
の場合があり，**それぞれの事象は互いに排反**です。

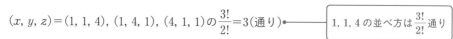

(i) $\{1, 1, 4\}$ のとき，
$$(x, y, z) = (1, 1, 4), (1, 4, 1), (4, 1, 1) \text{の} \frac{3!}{2!} = 3 (通り) \bullet$$

1, 1, 4 の並べ方は $\frac{3!}{2!}$ 通り

(ii) $\{1, 2, 3\}$ のとき，
$$(x, y, z) = (1, 2, 3), (1, 3, 2), (2, 1, 3), (2, 3, 1), (3, 1, 2), (3, 2, 1) \text{の} 3! = 6 (通り)$$

(iii) $\{2, 2, 2\}$ のとき，
$$(x, y, z) = (2, 2, 2) \text{の} 1 通り$$

よって，求める確率は，
$$\frac{3}{6^3} + \frac{6}{6^3} + \frac{1}{6^3} = \frac{10}{6^3} = \frac{5}{108}$$

例題

白玉4個，赤玉3個が入った袋から同時に3個取り出すとき，白玉も赤玉も含まれる確率を求めよ。

白玉2個，赤玉1個を取り出す事象を A,
白玉1個，赤玉2個を取り出す事象を B
とすると，A と B は排反だから，求める確率は，

$$P(A) + P(B) = \frac{\boxed{ア}C_2 \cdot \boxed{イ}C_1}{\boxed{ウ}C_3} + \frac{\boxed{エ}C_1 \cdot \boxed{オ}C_2}{\boxed{ウ}C_3}$$

$$= \frac{\boxed{カ}}{\boxed{キ}}$$

（演）（習）

1 3個のさいころを同時に投げるとき，出る目の和が8になる確率を求めよ。

2 白玉5個，赤玉3個，青玉2個が入った袋から同時に4個取り出すとき，色の種類が3種類である確率を求めよ。

CHALLENGE 当たりを3本含む8本のくじが入った袋からA, B, Cがこの順で1本ずつくじをひく。ひいたくじを元に戻さないとき，3人のうち2人が当たりをひく確率を求めよ。

HINT　どの2人が当たりをひくかで場合を分けて考えよう。

✓ CHECK
14講で学んだこと

□ 排反な事象に分けて $P(A\cup B)=P(A)+P(B)$ を利用する。

15講 和事象の確率

排反な事象に分けにくいときは一般の和事象の確率！

▶ ここからつなげる　今回は，「和事象の確率」について学習します。14講では，排反な事象における和事象の確率について学びました。ここでは排反でない場合の和事象の確率も求めることができるようになりましょう！

POINT 事象A, Bが排反でないときは$P(A \cup B) = P(A) + P(B) - P(A \cap B)$

全事象Uの中に事象A, Bがあるとき，
$$n(A \cup B) = n(A) + n(B) - n(A \cap B)$$
が成り立ちます。この両辺を$n(U)$でわると，
$$\frac{n(A \cup B)}{n(U)} = \frac{n(A)}{n(U)} + \frac{n(B)}{n(U)} - \frac{n(A \cap B)}{n(U)}$$
これより，次の式が成り立ちます。

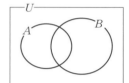

公式　**一般の和事象の確率**
$$P(A \cup B) = P(A) + P(B) - P(A \cap B)$$

> AとBが排反のとき，$A \cap B = \varnothing$だから，$P(A \cap B) = 0$より，
> $$P(A \cup B) = P(A) + P(B)$$
> （確率の加法定理）

　1から24の番号がついた玉が入った袋から1個の玉を取り出すとき，偶数または3の倍数である確率を求めよ。

取り出した玉が偶数である事象をA, 3の倍数である事象をBとすると，$A \cap B$は取り出した玉が6の倍数である事象だから，
$$P(A) = \frac{12}{24}, \ P(B) = \frac{8}{24}, \ P(A \cap B) = \frac{4}{24}$$

> $A = \{2 \cdot 1, 2 \cdot 2, \cdots, 2 \cdot 12\}$より，$n(A) = 12$
> $B = \{3 \cdot 1, 3 \cdot 2, \cdots, 3 \cdot 8\}$より，$n(B) = 8$
> $A \cap B = \{6 \cdot 1, \cdots, 6 \cdot 4\}$より，$n(A \cap B) = 4$

求める確率は$P(A \cup B)$だから，
$$P(A \cup B) = P(A) + P(B) - P(A \cap B)$$
$$= \frac{12}{24} + \frac{8}{24} - \frac{4}{24} = \frac{2}{3}$$

> 排反な事象に分けて考えにくいときは，一般の和事象の確率を使う！

 例題

X さん，Y さんを含む8人の中からくじで3人の委員を選ぶとき，X さんまたは Y さんが委員になる確率を求めよ。

委員の選び方は${}_8 C_{\boxed{ア}}$（通り）
X さんが委員になる事象をA, Y さんが委員になる事象をBとすると，
$$P(A) = \frac{{}_{\boxed{イ}} C_2}{{}_8 C_{\boxed{ア}}}, \ P(B) = \frac{{}_{\boxed{ウ}} C_2}{{}_8 C_{\boxed{ア}}}, \ P(A \cap B) = \frac{{}_{\boxed{エ}} C_1}{{}_8 C_{\boxed{ア}}}$$

> X さんも Y さんも委員になる確率

求める確率は，　$P(A \cup B) = P(A) + P(B) - P(A \cap B) = \dfrac{\boxed{オ}}{\boxed{カ}}$

1 1 から 100 までの番号がついた玉が入った袋から 1 個の玉を取り出すとする。取り出された玉の番号が 4 の倍数である事象を A，取り出された玉の番号が 6 の倍数である事象を B とするとき，$P(A \cup B)$ を求めよ。

2 ジョーカーを除いたトランプ 52 枚から無作為に 1 枚を選ぶとき，そのカードがハートまたは 3 以下のカードである確率を求めよ。

CHALLENGE 1 から 12 の番号がついた玉が入った袋から同時に 2 個の玉を取り出す。取り出した玉の番号が 2 個とも偶数，または 2 個とも 3 の倍数である確率を求めよ。

ˎˊ˗
HINT 取り出した玉の番号が 2 個とも偶数である事象を A，2 個とも 3 の倍数である事象を B とすると，求める確率は $P(A \cup B)$ だね。

✔ CHECK
15講で学んだこと

□ **一般の和事象の確率** $P(A \cup B) = P(A) + P(B) - P(A \cap B)$

16講 事柄が2つ以上含まれる場合はベン図を活用！

集合の考え方を利用した確率

▶ここからつなげる 事柄が2つ以上含まれるときの確率について考えます。その際,ベン図をかいて,求めたい確率が図のどの部分を表す確率かを考えると,見通しが立ちやすくなります。解きやすくなるよう事象をうまくおくところがポイントです。

POINT 事柄が2つ以上含まれているときは集合の考え方を利用する

 考えてみよう

袋の中に赤玉,白玉,青玉が3個ずつ計9個入っていて,どの色の玉にも1から3までの番号が1つずつ書かれている。この袋から同時に3個取り出すとき,取り出された3個の中に,赤玉が含まれ,かつ,偶数が書かれた玉が含まれる確率を求めよ。

まず,今回求める確率は,

「赤玉が含まれる」かつ「偶数が書かれている」

確率である。このように**事柄が2つ以上含まれる**場合は,集合の考え方を利用する。

次に,どの事象を文字でおくかについて考える。

赤玉が含まれる場合を排反な事象に分けると,

「赤玉が1個含まれる」,「赤玉が2個含まれる」,「赤玉が3個含まれる」

場合があり,赤玉が含まれる確率を直接求めるには,それぞれの事象が起こる確率を求めてたすことになるので,少し大変である。しかし,「赤玉が含まれる」事象の余事象である

「赤玉が含まれない」

確率は白玉と青玉の合計6個から3個取り出す確率であり,比較的求めやすいので,赤玉が**含まれない**事象をAとおく。このように,確率が求めやすい事象を文字でおくことがオススメ。同様に,偶数が書かれた玉が含まれる確率よりも,偶数が含まれない確率の方が求めやすいので,偶数が書かれた玉が**含まれない**事象をBとすると,

$$P(A)=\frac{{}_6C_3}{{}_9C_3},\quad P(B)=\frac{{}_6C_3}{{}_9C_3},\quad P(A\cap B)=\frac{{}_4C_3}{{}_9C_3}$$

　赤以外の6個から　　　奇数の玉6個から　　　赤以外の奇数の玉4個
　3個取り出す確率　　　3個取り出す確率　　　から3個取り出す確率

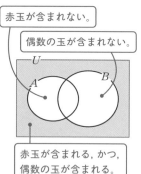

赤玉が含まれない。

偶数の玉が含まれない。

赤玉が含まれる,かつ,偶数の玉が含まれる。

よって,

$\overline{A}$：赤玉が含まれる,$\overline{B}$：偶数が書かれた玉が含まれる

より,求める確率は,

$$P(\overline{A}\cap\overline{B})=1-P(A\cup B)$$
$$=1-\{P(A)+P(B)-P(A\cap B)\}$$
$$=1-\left(\frac{{}_6C_3}{{}_9C_3}+\frac{{}_6C_3}{{}_9C_3}-\frac{{}_4C_3}{{}_9C_3}\right)$$
$$=1-\frac{3}{7}$$
$$=\frac{4}{7}$$

1 袋の中に赤玉，白玉，青玉が 4 個ずつ計 12 個入っており，どの色の玉にも 1 から 4 までの番号が 1 つずつ書かれている。この袋から同時に 4 個取り出すとき，取り出された 4 個の中に，白玉が含まれかつ奇数が書かれた玉が含まれる確率を求めよ。

CHALLENGE 袋の中に 1 から 9 までの数字が 1 つずつ書かれている 9 枚のカードがある。袋の中から 1 枚を取り出し，書かれている数字を記録してから袋の中に戻すという操作を n 回くり返す。記録された数の積が 10 の倍数となる確率を求めよ。

HINT 記録された数の積が 2 の倍数でない事象を A，記録された数の積が 5 の倍数でない事象を B とすると，求める確率は $P(\overline{A} \cap \overline{B})$ となるね。

✓ CHECK
16講で学んだこと

☐ 事柄が 2 つ以上含まれる場合は集合を利用する。
☐ 求めやすい事象を文字において，ベン図を活用する。

17講　$A \supset B$のとき，AとBの差事象の確率は$P(A)-P(B)$で求める！
差事象の確率

事象Aの余事象$\overline{A}$の確率は，全事象の確率1から事象Aの確率をひくことで求められましたね。今回は，その考え方を用いて「差事象の確率」の求め方を学びます。ベン図をかいて，求めたい確率がその図のどこにあたるかに注目しよう！

POINT　$A \supset B$のとき事象AとBの差事象の確率は$P(A)-P(B)$

 考えてみよう

1個のさいころを続けて3回投げるとき，出た目の数の最小値が2である確率を求めよ。

「最小値が2」であるのは「3回とも2以上の目(2, 3, 4, 5, 6)が出る」と考えて

$$\left(\frac{5}{6}\right)^3 = \frac{125}{216}$$

> 「3, 2, 5」のように最小値が2となる場合も含まれるが，「3, 5, 4」のように最小値が2とならない場合も含まれてしまう。

とするのは間違いである。これには最小値が3となる場合など，最小値が2とならない場合も含まれてしまうからである。

最小値が2となるのは，

「3回とも2以上の目が出る」かつ「少なくとも1回は2の目が出る」

場合になる。3回とも2以上の目が出る中で排反な事象に分けると，

(ア)　3回とも2の目
(イ)　2回は2の目，1回は3以上の目 ⎤ 最小値が2となる場合
(ウ)　1回は2の目，2回は3以上の目 ⎦
(エ)　3回とも3以上の目 ◀── 最小値が2とならない場合

となり，今回求める事象は(ア)〜(ウ)となる。(ア)〜(ウ)の確率をそれぞれ求めてたすよりも，

「2以上の目が出る」を全体と考えて，(エ)の場合を除く方が求めやすい！

3回とも2以上の目が出る事象をA，
3回とも3以上の目が出る事象をB

とすると，最小値が2となる確率は，

$$P(A)-P(B) = \left(\frac{5}{6}\right)^3 - \left(\frac{4}{6}\right)^3 = \frac{61}{216}$$

3回とも「2, 3, 4, 5, 6」が出る確率　　3回とも「3, 4, 5, 6」が出る確率

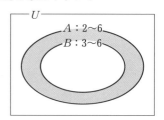

一般的に，「事象Aは起きるが事象Bは起きない事象」を「AとBの差事象」といいます。次のようなベン図($A \supset B$)の場合は，色の塗られている部分がそれにあたり，事象Aを全体としたときの事象Bの余事象になっています。

よって，$A \supset B$のとき，「AとBの差事象の確率」つまり「Aは起きるがBは起きない確率」は

$$P(A)-P(B)$$

で求めることができます。

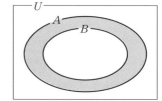

1 1個のさいころを続けて3回投げるとき，出た目の最大値が4である確率を求めよ。

　　最大値が4となるのは，
　　　　　　　「3回とも4以下の目が出る」かつ「少なくとも1回は4が出る」
場合であるから，3回とも4以下の目が出る中で排反な事象に分けると，
（ア）　3回とも4の目
（イ）　2回は4の目，1回は3以下の目　⎫
（ウ）　1回は4の目，2回は3以下の目　⎬ 最大値が4となる場合
（エ）　3回とも3以下の目 ←──── 最大値が4とならない場合
となり，今回求める事象は（ア）〜（ウ）である。

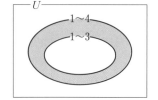

　　よって，求める確率は，
　　　　　「3回とも $\boxed{}^{ア}$ 以下の目が出る」確率
から
　　　　　「3回とも $\boxed{}^{イ}$ 以下の目が出る」確率
をひけばよいから，

$$\left(\frac{\boxed{}^{ウ}}{6}\right)^3 - \left(\frac{\boxed{}^{エ}}{6}\right)^3 = \frac{\boxed{}^{オ}}{216}$$

2 1〜10の番号が書かれた玉が入った袋から玉を1個取り出し，番号を確認して元に戻す操作を3回行う。

(1)　取り出された玉に書かれた番号の最小値が3である確率を求めよ。

(2)　取り出された玉に書かれた番号の最大値が9である確率を求めよ。

✔ CHECK
17講で学んだこと

□ $A \supset B$ のとき，A と B の差事象は事象 A を全体としたときの事象 B の余事象。
□ 差事象の確率は $P(A) - P(B)$

18講 　元に戻さない試行では，すべてを 1 列に並べて考える！

くじびきの確率

▶ ここからつなげる 今回は，「くじびきの確率」について学習します。くじびきって実は何番目にひいても当たる確率は等しいって知っていましたか？　今回はその原理なども学習します。「なるほど〜」と思ってもらえると思うので，お楽しみに♪

 くじびきの確率はすべてを 1 列に並べて考えることが有効

考えてみよう

　当たり 3 本を含む合計 10 本のくじが袋の中に入っている。1 回につき 1 本ずつくじをひいていくとき，3 回目に当たりをひく確率を求めよ。ただし，ひいたくじは元に戻さないものとする。

　当たりを○，はずれを×としたとき，3 回目に当たりをひくのは右の表のようになる。
　よって，求める確率は，

$$\frac{3}{10}\cdot\frac{2}{9}\cdot\frac{1}{8}+\frac{3}{10}\cdot\frac{7}{9}\cdot\frac{2}{8}+\frac{7}{10}\cdot\frac{3}{9}\cdot\frac{2}{8}+\frac{7}{10}\cdot\frac{6}{9}\cdot\frac{3}{8}$$

$$=\frac{6(1+7+7+21)}{10\cdot9\cdot8}=\frac{6\cdot36}{10\cdot9\cdot8}=\frac{3}{10}$$

1 回目	2 回目	3 回目	確率
○	○	○	$\frac{3}{10}\cdot\frac{2}{9}\cdot\frac{1}{8}$
○	×	○	$\frac{3}{10}\cdot\frac{7}{9}\cdot\frac{2}{8}$
×	○	○	$\frac{7}{10}\cdot\frac{3}{9}\cdot\frac{2}{8}$
×	×	○	$\frac{7}{10}\cdot\frac{6}{9}\cdot\frac{3}{8}$

と求めることができる。もちろんこのように考えてもよいが，少し大変なので別の考え方をしてみよう。当たりくじを a, b, c, はずれくじを d, e, f, g, h, i, j とする。そして，くじを全部ひいて，ひいた順に左から並べると考える。当たりを「当」，当たりでもはずれでもよいことを「□」で表すと，1 回目に当たる場合であれば，

1　2　3　4　5　6　7　8　9　10　　　　確率

当　□　□　□　□　□　□　□　□　□　…　$\dfrac{3\times9!}{10!}=\dfrac{3\times9!}{10\times9!}=\dfrac{3}{10}$

となる。「10!」がくじの並べ方，「3」は a, b, c のどれが「当」にくるか，「9!」は残りの 9 本のくじを□に並べる並べ方である。この考え方を使えば，3 回目に当たりをひく確率も，

1　2　3　4　5　6　7　8　9　10　　　　確率

□　□　当　□　□　□　□　□　□　□　…　$\dfrac{3\times9!}{10!}=\dfrac{3}{10}$

のように求めることができる。
　この考え方を使えば，何回目でも当たりをひく確率は，

$$\frac{3\times9!}{10!}=\frac{3}{10}$$

ということがわかり，くじびきは公平，すなわち何回目でも当たりをひく確率は同じであることがわかる。

　このように元に戻さない試行のときは，**すべてを 1 列に並べて考える**ことが有効です！

1 当たりくじを 10 本含む合計 100 本のくじが袋の中に入っている。A, B, C の 3 人がこの順に 1 本ずつくじをひく。ひいたくじは元に戻さないとき，次の確率を求めよ。

(1) A が当たりくじをひく確率

(2) B が当たりくじをひく確率

(3) C が当たりくじをひく確率

(4) A がはずれくじをひき，B が当たりくじをひく確率

(5) B が当たりくじをひき，C がはずれくじをひく確率

CHALLENGE ジョーカーを 1 枚だけ含む 1 組 53 枚のトランプがある。カードを元に戻さずに 1 枚ずつ続けてひいていくとき，11 枚目にジョーカーが出る確率を求めよ。

 ✔ CHECK
18講で学んだこと

□ 元に戻さない試行のときは，すべてを 1 列に並べて考えることが有効。

19講 確率を面積でみる！

独立試行の確率

▶**ここからつなげる** 今回は，「独立試行の確率」について学習しましょう。ここでは，独立試行の確率が確率の積で求められることを，正方形の面積を使って確認します。さらにこれを通して確率が面積で考えられることを学んでいきましょう！

確率を面積で考える

1枚のコインと1個のさいころを投げたとき，コインは表が出て，さいころは1の目が出る確率を考えてみましょう。

ここで，コインの出方は表，裏が出る2通り，さいころの目の出方は1〜6の6通りであるから，次のような，マス目がある2×6の長方形を考えます。

> 長方形の上半分，下半分がコインの表，裏，縦の分割がさいころの出た目の数に対応しているよ。

例えば，左上の色が塗られた正方形は，コインは表，さいころは1が出る事象を表します。コインとさいころの出方は，

$$(コイン, さいころ)＝(表, 1), (表, 2), (表, 3), \cdots, (裏, 6)の12通り$$

であり，これらはどれも同様に確からしいので，1つ1つの正方形の面積はどれも同じです。よって，求める確率は，

$$\frac{(「コインは表, さいころは1が出る」に対応する部分の面積)}{(全体の面積)}＝\frac{1}{12}$$

として求めることができます。

確率は全体を1として考えるから，上の長方形の

縦と横の長さを1にして全体（面積）が1となる正方形

で考えてみましょう。

コインを投げて表が出る事象をA，

さいころを投げて1の目が出る事象をBとすると，

$P(A)＝\dfrac{1}{2}$よりAは**全体の面積の上半分**

$P(B)＝\dfrac{1}{6}$よりBは**縦に6分割したときの1つ分**

となります。事象AとBが同時に起こるのは$(*)$部分になり，縦$P(A)＝\dfrac{1}{2}$，横$P(B)＝\dfrac{1}{6}$の長方形になります。

確率は全体を1としたときの割合だから，正方形の面積（全体）が1で，事象AとBが同時に起こる確率は

$(*)$部分の長方形の面積

と考えることができます。よって，AとBが同時に起こる確率は，

$$P(A)\times P(B)＝\frac{1}{2}\times\frac{1}{6}＝\frac{1}{12}$$

と求められます。これが，独立試行の確率が確率の積によって求めることができる理由です。

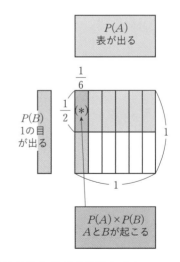

1 AさんとBさんが試験を受けて合格する確率がそれぞれ $\dfrac{1}{2}$, $\dfrac{3}{5}$ のとき, 2人とも合格しない確率と, 少なくとも1人が合格する確率を求めよ。

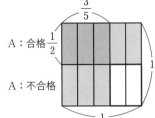

2人の試験結果は独立だから, 2人とも合格しない確率は,

$$\dfrac{\boxed{ア}}{2} \times \dfrac{\boxed{イ}}{5} = \dfrac{\boxed{ウ}}{5}$$

少なくとも1人が合格する確率は, 2人とも不合格であることの余事象の確率だから,

$$1 - \dfrac{\boxed{ウ}}{5} = \dfrac{\boxed{エ}}{5}$$ ● 色が塗られた部分の面積であることを確認しよう。

CHALLENGE 赤玉3個, 白玉3個が入っている袋Aと, 白玉2個, 青玉2個が入っている袋Bがある。それぞれの袋から2個ずつ合計4個の玉を取り出すとき, 取り出した玉の色が3種類である確率を求めよ。

袋Aから赤玉2個を取り出す確率を $P(赤, 赤)$, 赤玉1個, 白玉1個を取り出す確率を $P(赤, 白)$, 白玉2個を取り出す確率を $P(白, 白)$ とする。

袋Bから白玉2個を取り出す確率を $Q(白, 白)$, 白玉1個, 青玉1個を取り出す確率を $Q(白, 青)$, 青玉2個を取り出す確率を $Q(青, 青)$ とする。

右の図のような, 取り出す色の種類と確率と面積の関係を考える(長さなどは正しくない)。

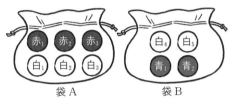

袋A
袋B

	$Q(白, 白)$	$Q(白, 青)$	$Q(青, 青)$	
$P(赤, 赤)$	2種類	3種類	2種類	
$P(赤, 白)$	$\boxed{ア}$ 種類	$\boxed{イ}$ 種類	$\boxed{ウ}$ 種類	1
$P(白, 白)$	1種類	2種類	2種類	

1

$$P(赤, 赤) = \dfrac{\boxed{エ}C_2}{\boxed{オ}C_2},$$

$$P(赤, 白) = \dfrac{\boxed{カ}C_1 \times \boxed{キ}C_1}{\boxed{オ}C_2},$$

$$Q(白, 青) = \dfrac{\boxed{ク}C_1 \times \boxed{ケ}C_1}{\boxed{コ}C_2},$$

$$Q(青, 青) = \dfrac{\boxed{サ}C_2}{\boxed{コ}C_2}$$

よって, 求める確率は,

$$P(赤, 赤) \times Q(白, 青) + P(赤, 白) \times Q\left(白, \boxed{シ}\right) + P(赤, 白) \times Q\left(\boxed{ス}, \boxed{セ}\right)$$

$$= \dfrac{\boxed{ソ}}{\boxed{タ}}$$

CHECK
19講で学んだこと

□ 確率は面積によって考えることができる!

20講　「優勝する確率」は反復試行の確率を利用！

反復試行の確率(1)

▶ここからつなげる　何試合かして先に○勝した方が優勝というような「優勝する確率」の問題を扱います。このとき, 最終戦は優勝者が勝たなければなりませんが, それまでの試合については勝敗のパターンが何通りか考えられるので, 反復試行の確率です。

POINT　優勝の確率は（最終試合前までの並べ方）×（サンプルの確率）

 考えてみよう

A君とB君がくり返し試合を行う。A君が勝つ確率は $\frac{2}{3}$, B君が勝つ確率は $\frac{1}{3}$ であるとする。先に3勝した方を優勝とするとき, A君が4試合目に優勝する確率を求めよ。

「A君が4試合目に優勝」となるのは,

「3試合目終了時にA君が2勝1敗で, 4試合目にA君が勝つ」

ときである。

A君の勝ちを◎, 負けを×とすると, 4試合目にA君が優勝するのは, 次の3パターンとなる。

> 4試合目は必ず◎（勝ち）。

4試合目の◎を除いた◎, ◎, ×の並べ方。

1試合目	2試合目	3試合目	4試合目	確率
◎	◎	×	◎	$\left(\frac{2}{3}\times\frac{2}{3}\times\frac{1}{3}\right)\times\frac{2}{3}=\left(\frac{2}{3}\right)^2\left(\frac{1}{3}\right)\times\frac{2}{3}$
◎	×	◎	◎	$\left(\frac{2}{3}\times\frac{1}{3}\times\frac{2}{3}\right)\times\frac{2}{3}=\left(\frac{2}{3}\right)^2\left(\frac{1}{3}\right)\times\frac{2}{3}$
×	◎	◎	◎	$\left(\frac{1}{3}\times\frac{2}{3}\times\frac{2}{3}\right)\times\frac{2}{3}=\left(\frac{2}{3}\right)^2\left(\frac{1}{3}\right)\times\frac{2}{3}$

> それぞれの確率はすべて等しい！

よって, 求める確率は,

$$\left(\frac{2}{3}\right)^2\left(\frac{1}{3}\right)\times\frac{2}{3}+\left(\frac{2}{3}\right)^2\left(\frac{1}{3}\right)\times\frac{2}{3}+\left(\frac{2}{3}\right)^2\left(\frac{1}{3}\right)\times\frac{2}{3}=3\times\left(\frac{2}{3}\right)^2\left(\frac{1}{3}\right)\times\frac{2}{3}$$

で求めることができる。この「3」は3試合目までの2勝1敗がどのように起こるか, すなわち,

◎◎×の並べ方

であるから, 求める確率は,

$$\underbrace{\frac{3!}{2!1!}}_{◎◎×の並べ方}\times\underbrace{\left(\frac{2}{3}\right)^2\left(\frac{1}{3}\right)\times\frac{2}{3}}_{サンプルの確率（ある1つのパターンが起こる確率）}=\frac{8}{27}$$

つまり,

（最終試合前までの◎と×の並べ方）×（サンプルの確率）

で求めることができます。

1 赤玉 4 個，白玉 2 個が入っている袋から，玉を 1 個取り出して元に戻す操作をくり返す。このとき，5 回目に 3 度目の赤玉が出る確率を求めよ。

1 回の操作で，赤玉を取り出す確率は $\dfrac{\boxed{ア}}{3}$，

白玉を取り出す確率は $\dfrac{\boxed{イ}}{3}$

5 回目に 3 度目の赤玉が出るということは，4 回目までに赤玉が $\boxed{ウ}$ 回，白玉が $\boxed{エ}$ 回が取り出され，5 回目に赤玉が取り出される場合であるから，求める確率は，

$$\frac{\boxed{オ}!}{\boxed{カ}!\,\boxed{キ}!} \times \left(\frac{\boxed{ア}}{3}\right)^{\boxed{ウ}}\left(\frac{\boxed{イ}}{3}\right)^{\boxed{エ}} \times \frac{\boxed{ク}}{3} = \frac{\boxed{ケ}}{\boxed{コ}}$$

赤玉を◎，白玉を×としたときの◎◎××の並べ方。

4 回目までのサンプルの確率。

5 回目に赤玉を取り出す確率。

CHALLENGE A と B がくり返し試合を行い，先に 3 勝した方を優勝とする。A が勝つ確率は $\dfrac{2}{3}$，B が勝つ確率は $\dfrac{1}{3}$ で引き分けはないものとする。このとき，A が優勝する確率を求めよ。

HINT A が優勝するのは，A が「3 勝 0 敗」，「3 勝 1 敗」，「3 勝 2 敗」のいずれか。

✔ CHECK
20 講で学んだこと

□ 優勝する確率は（最終試合前までの◎と×の並べ方）×（サンプルの確率）

21講　ランダムウォークは点の移動回数と最終位置がポイント！
反復試行の確率(2)

▶ここからつなげる　今回は、「ランダムウォークの問題」について学習します。例えば、ある点が移動するとき、移動するごとに、次に移動する場所が確率的に無作為に決まるような場合、この点の動きをランダムウォークといいます。

ランダムウォークは「移動回数」と「最終の位置」で立式する

例　数直線上を動く点Pがある。Pは最初原点にあり、さいころを投げて2以下の目が出たら正の方向に2だけ動き、3以上の目が出たら負の方向に1だけ動く。さいころを6回投げた後に点Pが原点にある確率を求めよ。

さいころを投げて2以下の目が出る事象をA, 3以上の目が出る事象をBとすると、

$$P(A) = \frac{2}{6} = \frac{1}{3}, \ P(B) = \frac{4}{6} = \frac{2}{3}$$

事象Aがa回、事象Bがb回起こったとき、点Pが原点にいるとします。
点Pは全部で6回移動するので、

$$a+b=6 \quad \cdots ①$$

┤移動回数についての式。├

点Pは事象Aで1回あたり$+2$, 事象Bで1回あたり-1動き、6回の移動後は原点にいるので、

$$2 \times a + (-1) \times b = 0, \ \text{すなわち}, \ 2a-b=0 \quad \cdots ②$$

┤6回後の位置についての式。├

①, ②を解くと、$a=2, \ b=4$
よって、求める確率は、**事象Aが2回、事象Bが4回起こる確率**より、

$$\underbrace{\frac{6!}{2!4!}}_{\substack{AABBBB \\ \text{の並べ方}}} \underbrace{\left(\frac{1}{3}\right)^2 \left(\frac{2}{3}\right)^4}_{\substack{\text{サンプルの} \\ \text{確率}}} = \frac{80}{243}$$

例題

数直線上を動く点Pがある。Pは最初原点にあり、さいころを投げて2以下の目が出たら正の方向に1だけ動き、3以上の目が出たら負の方向に2だけ動く。
さいころを5回投げた後に点Pが点2にある確率を求めよ。

さいころを投げて2以下の目が出る事象をA, 3以上の目が出る事象をBとすると、

$$P(A) = \frac{\boxed{\text{ア}}}{3}, \ P(B) = \frac{\boxed{\text{イ}}}{3}$$

事象Aがa回、事象Bがb回起こったとき、点Pが点2にあるとすると、

$$\begin{cases} a+b = \boxed{\text{ウ}} \\ a - \boxed{\text{エ}} \ b = \boxed{\text{オ}} \end{cases} \text{より、} \ a = \boxed{\text{カ}}, \ b = \boxed{\text{キ}}$$

3~6が出たら -2　　1, 2が出たら $+1$

よって、求める確率は、

$$\frac{\boxed{\text{ク}}!}{\boxed{\text{ケ}}!} \times \left(\frac{\boxed{\text{ア}}}{3}\right)^{\boxed{\text{カ}}} \left(\frac{\boxed{\text{イ}}}{3}\right)^{\boxed{\text{キ}}} = \frac{\boxed{\text{コ}}}{\boxed{\text{サ}}}$$

1 数直線上を動く点Pがある。Pは最初原点にあり，さいころを投げて 2 以下の目が出たら正の方向に 3 だけ動き，3 以上の目が出たら負の方向に 2 だけ動く。

さいころを 6 回投げた後に点Pが点 3 にある確率を求めよ。

CHALLENGE　座標平面上を動く点Pがある。Pは最初原点にあり，さいころを投げて 1, 2 の目が出たら x 軸方向に $+1$ だけ動き，3, 4 の目が出たら y 軸方向に $+1$ だけ動き，5, 6 の目が出たら x 軸，y 軸方向にそれぞれ -1 ずつ動く。さいころを 6 回投げた後に点Pが原点にある確率を求めよ。

HINT　Pの「移動回数」，「最終位置の x 座標」，「最終位置の y 座標」について式を立てよう！

✔ **CHECK**
21講で学んだこと
　□ ランダムウォークは点Pの「移動回数」と「最終の位置」について式を立てる。

22講 条件付き確率を求める式は時間の順序に関係なく使える！
原因の確率

▶ ここからつなげる　今回は,「原因の確率」について学びます。ここでは, ある「結果」が起こったときのその「原因」の確率を求めます。結果から原因の確率を求めるのは, 時間の流れが逆で難しく思うかもしれませんが, 考え方は条件付き確率と同じです！

「原因の確率」も条件付き確率を求める式が使える！

考えてみよう

　白玉2個, 赤玉3個が入った袋Aと, 白玉3個, 赤玉2個が入った袋Bがある。1つの袋を無作為に選び, その袋から玉を1個取り出すことを考える。この試行を1回行って, 取り出された玉が赤玉であるとき, それが袋Aから取り出された確率を求めよ。

　このように, **後から起こる事象である「結果」を条件として, 先に起こる事象である「原因」の条件付き確率を原因の確率**という。

　袋から取り出された玉が赤玉である事象をR, 玉を袋Aから取り出す事象をA, 玉を袋Bから取り出す事象をBとすると, 求める確率は,

> 今回の問題でいうと,「赤玉を取り出す」が後から起こる事象で,「袋Aを選ぶ」が先に起こる事象。

$$P_R(A) = \frac{P(A \cap R)}{P(R)} = \frac{(袋Aから赤玉を取り出す確率)}{(赤玉を取り出す確率)}$$

となる。

$$P(A \cap R) = \frac{1}{2} \times \frac{3}{5} = \frac{3}{10}, \quad P(B \cap R) = \frac{1}{2} \times \frac{2}{5} = \frac{2}{10}$$

　　　　　袋Aを　袋Aから赤玉を　　　　　　袋Bを　袋Bから赤玉を
　　　　　選ぶ確率 取り出す確率　　　　　　選ぶ確率 取り出す確率

であるから,

$$P(R) = P(A \cap R) + P(B \cap R)$$
$$= \frac{3}{10} + \frac{2}{10} = \frac{1}{2}$$

> 赤玉を取り出すのは, Aから赤玉を取り出した場合と, Bから赤玉を取り出した場合。

　よって, 求める条件付き確率は,

$$P_R(A) = \frac{P(A \cap R)}{P(R)} = \frac{\dfrac{3}{10}}{\dfrac{1}{2}} = \frac{3}{5}$$

> $\dfrac{\frac{3}{10} \times 10}{\frac{1}{2} \times 10} = \dfrac{3}{5}$

　後から起こる事象である「結果」を条件とする, 先に起こる事象である「原因」の条件付き確率のように, 時間の順序が逆でも, 条件付き確率を求める式は同じように使うことができます。つまり, 条件付き確率を求める式は時間の順序に関係なく使えます。

1 白玉1個, 赤玉3個が入った袋Aと, 白玉4個, 赤玉2個が入った袋Bがある。1つのさいころを投げて, 2以下の目が出たら袋Aを選び, 3以上の目が出たら袋Bを選び, 選んだ袋から玉を1個取り出すことを考える。この試行を1回行って, 取り出された玉が赤玉であるとき, それが袋Aから取り出された確率を求めよ。

CHALLENGE ある集団の20%がウイルスXに感染している。ある試薬で検査をすると, 感染している人が誤って陰性と判定される確率が10%, 感染していない人が誤って陽性と判定される確率が5%であるという。

集団のある1人がウイルスに感染している事象をX, 試薬によって検査した結果, 陽性と判定される事象をAとすると,

$$P(X) = \frac{\boxed{ア}}{100},$$

$$P(\overline{X}) = \frac{\boxed{イ}}{100}$$

	陽性(A)	陰性($\overline{A}$)
感染している(X)	$P_X(A) = \dfrac{90}{100}$	$P_X(\overline{A}) = \dfrac{\boxed{ウ}}{100}$
感染していない($\overline{X}$)	$P_{\overline{X}}(A) = \dfrac{5}{100}$	$P_{\overline{X}}(\overline{A}) = \dfrac{\boxed{エ}}{100}$

(1) 集団のある1人を検査するとき陰性と判定される確率を求めよ。

$$P(\overline{A}) = P(X \cap \overline{A}) + P(\overline{X} \cap \overline{A}) = P(X) \times P_X(\overline{A}) + P(\overline{X}) \times P_{\overline{X}}(\overline{A})$$

$$= \frac{\boxed{ア}}{100} \cdot \frac{\boxed{ウ}}{100} + \frac{\boxed{イ}}{100} \cdot \frac{\boxed{エ}}{100}$$

$$= \frac{\boxed{オ}}{50}$$

(2) 検査の結果は陰性と判定されたが, 実際は感染している確率を求めよ。

$$P_{\overline{A}}(X) = \frac{P(\overline{A} \cap X)}{P(\overline{A})} = \frac{P(X) \times P_X(\overline{A})}{P(\overline{A})}$$

$$= \frac{\dfrac{\boxed{ア}}{100} \cdot \dfrac{\boxed{ウ}}{100}}{\dfrac{\boxed{オ}}{50}} = \frac{\boxed{カ}}{\boxed{キ}}$$

✔ **CHECK**
22講で学んだこと

□ 「結果」を条件として, 「原因」が起こる条件付き確率を「原因の確率」という。
□ 条件付き確率を求める式は時間の順序に関係なく使える。

23講　期待値を利用すれば損得の判断ができる！

期待値

▶ここからつなげる　今回は，「期待値と損得」について学習していきます。期待値は1回あたりで期待できる賞金や得点なので，期待値を考えることでくじびきやゲームで有利かどうかわかります。期待値を利用して損得を考えられるようになりましょう！

POINT　期待値の大きい方が有利（得）

定義　（期待値）

変量Xと確率Pが右表で与えられるとき，

Xの期待値Eは，　$E = x_1 p_1 + x_2 p_2 + \cdots + x_n p_n$

X（値）	x_1	x_2	x_3	$\cdots$	x_n	計
$P(X)$（確率）	p_1	p_2	p_3	$\cdots$	p_n	1

期待値は1回あたりの試行で期待できる量（賞金や得点）を表す。

例　次の表のような2つのくじA，Bがあり，どちらもくじの数は合計100本ある。どちらを選んだほうが有利か。

賞金	2000円	1500円	1000円	0円	計
本数	5	10	20	65	100

[くじAの表]

賞金	10000円	5000円	1000円	0円	計
本数	1	4	10	85	100

[くじBの表]

くじAの賞金の期待値$E(A)$と，くじBの賞金の期待値$E(B)$は，

$$E(A) = 2000 \times \frac{5}{100} + 1500 \times \frac{10}{100} + 1000 \times \frac{20}{100} + 0 \times \frac{65}{100} = \frac{45000}{100} = 450 (円)$$

$$E(B) = 10000 \times \frac{1}{100} + 5000 \times \frac{4}{100} + 1000 \times \frac{10}{100} + 0 \times \frac{85}{100} = \frac{40000}{100} = 400 (円)$$

よって，くじAは1本あたり450円が期待でき，くじBは1本あたり400円が期待できるということになる。したがって，くじAを選んだほうが有利といえる。

例題

赤玉2個，白玉4個が入った袋から同時に2個取り出し，赤玉1個につき300円もらえるゲームをする。参加料が240円のとき，ゲームをするのは得であるか損であるか。

- -

取り出した赤玉の個数がn個のときの確率をp_nとする。

$$p_0 = \frac{{}_4 C_{\boxed{ア}}}{{}_6 C_2} = \frac{\boxed{イ}}{15}, \quad p_1 = \frac{{}_{\boxed{ウ}} C_1 \times {}_4 C_1}{{}_6 C_2} = \frac{\boxed{エ}}{15}, \quad p_2 = \frac{{}_2 C_{\boxed{オ}}}{{}_6 C_2} = \frac{\boxed{カ}}{15}$$

よって，賞金と確率の関係は右の表のようになる。
期待値Eは，

賞金	0円	300円	600円	計
確率	$\dfrac{\boxed{イ}}{15}$	$\dfrac{\boxed{エ}}{15}$	$\dfrac{\boxed{カ}}{15}$	1

$$E = 0 \times \frac{\boxed{イ}}{15} + 300 \times \frac{\boxed{エ}}{15} + 600 \times \frac{\boxed{カ}}{15}$$

$$= \boxed{キ}$$

よって，参加料が240円より，ゲームに参加することは$\boxed{ク}$である。

1 2つのさいころ X, Y がありどちらかを選んで 1 回投げるとき, さいころ X は出た目の 2 倍の点数がもらえ, さいころ Y は 3 以下の目が出たときは 0 点, 4 以上の目が出たときは出た目の 3 倍の点数がもらえる。X, Y のどちらを選んだほうが有利 (より多くの点数が期待できる)か。

CHALLENGE　3 枚の硬貨を同時に投げて, 表が 3 枚出たら 120 円, 2 枚出たら 70 円をもらえ, 1 枚のときは 80 円を, 1 枚も出ないときは 90 円を支払うゲームがある。このゲームの参加料が 10 円であるとき, このゲームに参加することは得であるといえるか。

`\ | /`
HINT　80 円支払う場合は −80 円もらえるとして, もらえる金額の期待値を求めてみよう。

✔ CHECK
23講で学んだこと

□ 期待値の大きい方が有利 (得)。

24講　内角・外角の二等分線は辺を内分・外分する！
内角・外角の二等分線

▶ここからつなげる　数学の学習では，計算だけでなく定理や公式の証明にも取り組むことが大切です。図形にはさまざまな定理や公式があります。まずは「内角・外角の二等分線」を扱います。結果を覚えるだけでなく，証明の過程もあわせて学びましょう。

頂点を通り角の二等分線に平行な直線をひいて証明する

内角の二等分線と対辺の交点について，次の重要な性質が成り立ちます。

> **性質**　**内角の二等分線と辺の比**
>
> 　△ABCの∠Aの二等分線と対辺BCとの交点をPとすると，Pは辺BCをAB：ACに内分する。
>
> 　　BP：PC＝AB：AC

【証明】

APは∠Aの二等分線なので，

　　∠BAP＝∠CAP　…①

頂点Cを通り直線APに平行な直線をひき，BAの延長との交点をDとします。AP∥DCより，

　　∠ADC＝∠BAP　…②（平行線の同位角）

　　∠ACD＝∠CAP　…③（平行線の錯角）

①，②，③より，

　　∠ACD＝∠ADC

△ACDの底角が等しいので，△ACDは，AC＝ADの二等辺三角形とわかります。

AP∥DCだから，平行線と線分の比より

　　BP：PC＝BA：AD

△ACDはAC＝ADの二等辺三角形であるから，

　　BP：PC＝AB：AC

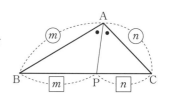

また，外角の二等分線と線分の比について，以下の性質が成り立ちます。

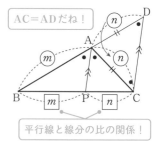

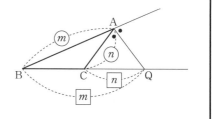

> **性質**　**外角の二等分線と辺の比**
>
> 　△ABCの頂点Aにおける外角の二等分線と対辺BCの延長との交点をQとすると，Qは辺BCをAB：ACに外分する。
>
> 　　BQ：QC＝AB：AC

演 習

1 外角の二等分線と辺の比の性質が成り立つことを証明する。以下の空欄をうめよ。

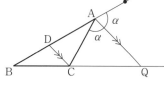

点Cを通り，直線AQに平行な直線と辺ABとの交点をDとする。また，辺ABのAの方への延長線上に点Eをとる。また，∠EAQ＝∠CAQ＝αとおく。

AQ∥DCであり，平行線の同位角は等しいので，

$$\angle \boxed{\text{ア} \quad} = \angle\text{EAQ} = \alpha \quad \cdots ①$$

平行線の錯角は等しいので，

$$\angle \boxed{\text{イ} \quad} = \angle\text{CAQ} = \alpha \quad \cdots ②$$

①，②より，$\angle \boxed{\text{ア} \quad} = \angle \boxed{\text{イ} \quad}$ であるから，

$\triangle \boxed{\text{ウ} \quad}$ は二等辺三角形であり，AD＝$\boxed{\text{エ} \quad}$ …③ である。

また，AQ∥DCより，平行線と線分の比の関係から，

$$\text{BQ}:\text{QC} = \boxed{\text{オ} \quad} : \text{AD} \quad \cdots ④$$

③，④より，

$$\text{BQ}:\text{QC} = \boxed{\text{オ} \quad} : \boxed{\text{エ} \quad}$$

したがって，外角の二等分線と線分の比についての性質が成り立つ。

CHALLENGE △ABCにおいて，辺BCの中点をMとし，∠AMBの二等分線と辺ABの交点をD，∠AMCの二等分線と辺ACの交点をEとする。このとき，DE∥BCとなることを証明せよ。

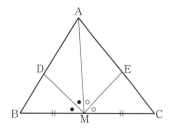

HINT DE∥BCをいうために，AD：DB＝AE：ECを示そう。

✔ CHECK
24講で学んだこと

□ 角の二等分線と辺の比の性質を証明するには，頂点を通り角の二等分線に平行な直線をひき，平行線と線分の比を使う。

25講　長い辺の対角は大きく，短い辺の対角は小さい！
三角形の辺と角の大小関係

▶ここからつなげる　コンパスを用いて円を描くとき，2本の脚の長さは一定ですが，脚を大きく開けば開くほど大きな円をかくことができますね。一般に，三角形の辺の長さと角の大きさとの間には密接な関係があります。

POINT　長い辺の向かいの角が大きく，大きい角の向かいの辺が長い

　△ABCにおいて，∠Bの向かいの辺の長さをb，∠Cの向かいの辺の長さをcと表すことにします。

　三角形の辺と角については次のことが知られています。

> **性質**　【三角形の辺と角の大小】
>
> △ABCにおいて，
> $$\underset{短い}{b} < \underset{長い}{c} \iff \underset{小さい}{\angle B} < \underset{大きい}{\angle C}$$

【$b<c \implies \angle B < \angle C$の証明】

　$b<c$のとき，辺AB上に点Dを，AD=ACとなるようにとることができます。△ACDは二等辺三角形なので∠ADC=∠ACDであり，これらの角をαとします。

　△BCDについて，三角形の外角はそれと隣り合わない2つの内角の和に等しいので，
$$\alpha=\angle B+\angle BCD$$
すなわち，
$$\angle B=\alpha-\angle BCD$$
また，
$$\angle C=\angle ACD+\angle BCD=\alpha+\angle BCD$$
よって，∠B<∠Cが成り立ちます。

【$\angle B < \angle C \implies b<c$の証明】

　∠B<∠Cのとき，半直線AB上に点DをAD=ACになるようにとります。∠ACD=∠ADC=αとおくと，
$$\alpha=\frac{180°-\angle A}{2}=\frac{\angle B+\angle C}{2}<\frac{\angle C+\angle C}{2}=\angle C$$

△ACDにおいて，$2\alpha+\angle A=180°$だから，$\alpha=\frac{180°-\angle A}{2}$　　△ABCの内角の和は180°　　∠B<∠C

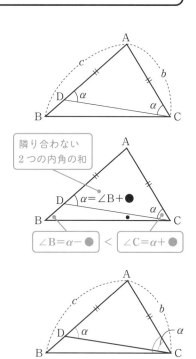

　よって，∠ACD<∠Cが成り立つので，Dは線分AB上の両端以外にあることがわかります。これから，b=AC=AD<AB=cとなり，$b<c$が示されます。

演習

1 △ABCの辺の長さや角の大小関係について，次の問いに答えよ。

(1) $a=8$, $b=7$, $c=5$ である△ABCの3つの角の大小を調べよ。

3辺a, b, cの大小を比較すると，

$$\boxed{ア} > \boxed{イ} > c$$

よって，3つの角の大小は，

$$\angle\boxed{ウ} > \angle\boxed{エ} > \angle\boxed{オ}$$

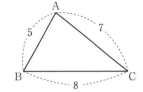

(2) $\angle A=40°$, $\angle B=60°$ である△ABCの3つの辺の長さの大小を調べよ。

$$\angle C=180°-(\angle A+\angle B)=\boxed{カ}°$$

よって，3つの角の大小は，

$$\angle\boxed{キ} > \angle\boxed{ク} > \angle\boxed{ケ}$$

したがって，3つの辺の長さの大小は，

$$\boxed{コ} > \boxed{サ} > \boxed{シ}$$

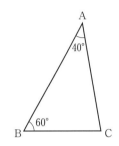

CHALLENGE 次のような△ABCについて，3辺の長さa, b, cの大小を調べよ。

(1) $\angle A=100°$, $b=5$, $c=6$

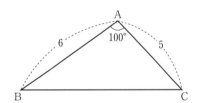

(2) $\angle A>90°$, $\angle A=2\angle B$

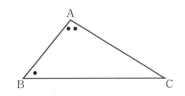

✓ CHECK
25講で学んだこと

☐ 長い辺の向かいの角の方が大きい。
☐ 大きい角の向かいの辺の方が長い。

26講 三角形では，(2辺の長さの和)＞(残りの1辺の長さ)！

三角形の3辺の大小関係

▶ **ここからつなげる** ここでは，「三角形の3辺の大小関係」について学習します。以前，ある企業の入社試験で，「3辺が4, 6, 10の三角形の面積を求めなさい」という問題が出されたそうです。このページを学習すればその真相がわかります！

三角形において，(2辺の長さの和)＞(残りの1辺の長さ)が成り立つ

△ABCの辺の長さについて，次の関係が成立します。

> **性質**　三角形の3辺の大小関係
>
> △ABCの3辺の長さa, b, cについて，
>
> $$\begin{cases} b+c>a \\ c+a>b \quad \cdots (*) \\ a+b>c \end{cases}$$
>
> (2辺の長さの和)＞(残りの1辺の長さ)ということだね！

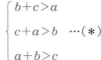

【証明】　△ABCにおいて，$b+c>a$を示します。

半直線BA上にAD＝ACとなるように点Dをとると

$$\angle D = \angle ACD < \angle BCD \qquad \boxed{\angle BCD = \angle ACD + \angle ACB}$$

よって，△BCDにおける辺と角の大小関係より，

$$BC < BD$$

$BC=a$, $BD=BA+AD=BA+AC=c+b$であるから，

$$a < b+c$$

同様にして，$c+a>b$, $a+b>c$も成り立ちます。

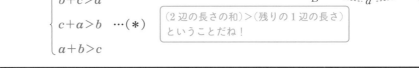

逆に，正の数a, b, cについて，不等式$(*)$が成り立てば，3辺の長さがa, b, cである三角形が存在することが知られています。

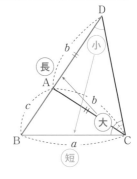

> **性質**　三角形の成立条件
>
> 正の数a, b, cを3辺とする三角形が存在する条件は，不等式$(*)$，すなわち
>
> $$b+c>a \text{かつ} c+a>b \text{かつ} a+b>c$$
>
> が成り立つことである。

考えてみよう

3辺が次のような長さの三角形は存在するか。

(1)　2, 4, 5　　　(2)　4, 6, 11

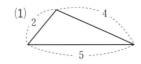

(1)　$2+4>5$, $4+5>2$, $5+2>4$

が成り立つので，このような三角形は存在する。

(2)　$4+6<11$となり，(2辺の長さの和)＞(残りの1辺の長さ)が

成り立たないので，このような三角形は存在しない。

届かない！

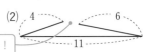

1 3辺が次のような長さの三角形は存在するか。

① 2, 8, 9

② 4, 6, 10

2 三角形の3辺の長さが a, 5, 8 となるような, a のとり得る値の範囲を求めよ。

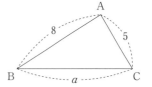

a は三角形の辺の長さだから, $a > \boxed{^{ア}\quad}$ …① である。

三角形の成立条件より,

$$\begin{cases} 5+8 > \boxed{^{イ}\quad} \\ a+\boxed{^{ウ}\quad} > 5, \\ \boxed{^{エ}\quad}+a > 8 \end{cases} \text{すなわち,} \begin{cases} a < \boxed{^{オ}\quad} & \text{…②} \\ a > \boxed{^{カ}\quad} & \text{…③} \\ a > \boxed{^{キ}\quad} & \text{…④} \end{cases}$$

よって, 求める a のとり得る値の範囲は,

$$\boxed{^{キ}\quad} < a < \boxed{^{オ}\quad}$$

CHALLENGE 三角形の成立条件は, 以下のように表すこともできることを証明せよ。

> 正の数 a, b, c（ただし, $a > b$ かつ $a > c$）を3辺とする三角形が存在する条件は,
>
> $$\underset{\text{最大辺}}{a} \quad < \quad \underset{\text{残り2辺の和}}{b+c}$$
>
> **が成り立つことである。**

【証明】 $a > b$ より,

$$c+a > c+b > \boxed{^{ア}\quad} \quad \text{…①}$$

$a > c$ より,

$$a+\boxed{^{イ}\quad} > c+\boxed{^{イ}\quad} > \boxed{^{ウ}\quad} \quad \text{…②}$$

①, ②と $a < b+c$ を合わせると,

$$b+c > a \text{ かつ } c+a > b \text{ かつ } a+b > c$$

が成り立つので, a, b, c を3辺とする三角形は存在する。

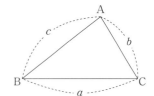

HINT $a > b$ かつ $a > c$ のとき, $c+a > b$, $a+b > c$ が成り立つことを示す。

✓ CHECK 26講で学んだこと

☐ 三角形の辺の大小関係は, （2辺の長さの和）＞（残りの1辺の長さ）
☐ 正の数 a, b, c を3辺とする三角形が存在する条件は,
$b+c > a$ かつ $c+a > b$ かつ $a+b > c$

27講 チェバの定理

チェバの定理は一筆書きでぐるっと一周まわる！

▶ ここからつなげる　ここでは「チェバの定理」について学びます。定理の名前は17世紀にイタリアの数学者ジョバンニ・チェバがこの定理の証明を発表したことに由来しています。線分の長さや比を求めるときに活躍する定理です。

 POINT

チェバの定理は一筆書きで上下上下上下と分数にしてかけると1

三角形とその頂点から対辺に引いた3直線について、次の定理が成り立ちます。

> **公式**　**チェバの定理**
>
> △ABCの辺BC, CA, AB上にそれぞれ点P, Q, R
>
> があり、3直線AP, BQ, CRが1点で交わるとき、
>
> $$\overset{①}{\underset{②}{\frac{AR}{RB}}}\cdot\overset{③}{\underset{④}{\frac{BP}{PC}}}\cdot\overset{⑤}{\underset{⑥}{\frac{CQ}{QA}}}=1$$

「**一筆書きでぐるっと一周まわる順に、上下上下上下と分数にしてかけると1になる**」と覚えることがオススメです。

【証明】　面積比と辺の比の関係を用いて証明します。

3直線AP, BQ, CRの交点をSとします。直線ASに頂点B, Cから引いた垂線の交点をD, Eとすると、

$$\frac{\triangle ABS}{\triangle ACS}=\frac{\frac{1}{2}\cdot AS\cdot BD}{\frac{1}{2}\cdot AS\cdot CE}=\frac{BD}{CE}$$

また、△BPD∽△CPEより、$\dfrac{BD}{CE}=\dfrac{BP}{PC}$

よって、$\dfrac{\triangle ABS}{\triangle ACS}=\dfrac{BP}{PC}$

同様に、$\dfrac{\triangle BCS}{\triangle ABS}=\dfrac{CQ}{QA}$, $\dfrac{\triangle ACS}{\triangle BCS}=\dfrac{AR}{RB}$ が成り立つので、

$$\frac{AR}{RB}\cdot\frac{BP}{PC}\cdot\frac{CQ}{QA}=\frac{\triangle ACS}{\triangle BCS}\cdot\frac{\triangle ABS}{\triangle ACS}\cdot\frac{\triangle BCS}{\triangle ABS}=1$$ が成り立ちます。

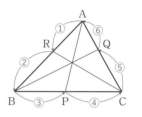

例　右の図について、BP：PCを求めよ。

チェバの定理より、

$$\overset{①}{\underset{②}{\frac{AR}{RB}}}\cdot\overset{③}{\underset{④}{\frac{BP}{PC}}}\cdot\overset{⑤}{\underset{⑥}{\frac{CQ}{QA}}}=1$$

$$\frac{4}{2}\cdot\frac{BP}{PC}\cdot\frac{3}{2}=1$$

$$\frac{BP}{PC}=\frac{1}{3}$$

よって、BP：PC＝1：3

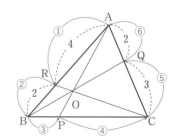

> $\dfrac{a}{b}=\dfrac{○}{■}$ と $a:b=○:■$ は同じ意味だよ！

演習

1 右の図について，BP：PCを求めよ。

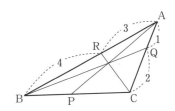

チェバの定理より，

$$\frac{AR}{RB} \cdot \frac{BP}{PC} \cdot \frac{CQ}{QA} = 1$$

$$\frac{3}{\boxed{ア}} \cdot \frac{BP}{PC} \cdot \frac{\boxed{イ}}{1} = 1$$

$$\frac{BP}{PC} = \frac{\boxed{ウ}}{\boxed{エ}}$$

よって，

$$BP : PC = \boxed{ウ} : \boxed{エ}$$

2 △ABCの辺ABを2：3に内分する点をR，辺BCを5：2に内分する点をPとし，APとCRの交点をXとして，直線BXと辺ACの交点をQとする。このとき，CQ：QAを求めよ。

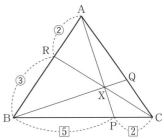

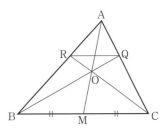

CHALLENGE △ABCにおいて，辺BCの中点をMとし，線分AM上に点Oをとる。2直線BO，COと辺AC，ABの交点をそれぞれQ，Rとするとき，QR∥BCであることを証明せよ。

�ₗᵢᵣ
HINT QR∥BCを示すには，AR：RB＝AQ：QC，すなわち，$\frac{AR}{RB} = \frac{AQ}{QC}$を示せばよい。

□ チェバの定理は一筆書きで上下上下上下と分数にしてかけると1

CHECK
27講で学んだこと

28講 メネラウスの定理は3つのルールを適用しよう！
メネラウスの定理

▶ここからつなげる　ここでは「メネラウスの定理」を学びます。この定理は1～2世紀,古代ギリシアの数学者メネラウスの著書に記されています。チェバの定理よりも難しくみえますが,チェバの定理よりも昔から知られていたというのは不思議ですね。

POINT
「スタート＝ゴール，3辺使う，1辺につき2回ジャンプ」

三角形と直線について, 次の定理が成り立ちます。

公式　｜メネラウスの定理｜

ある直線 l が△ABCの辺BC, CA, AB, またはその延長と, それぞれ点P, Q, Rで交わるとき,

$$\frac{AR}{RB}\cdot\frac{BP}{PC}\cdot\frac{CQ}{QA}=1$$

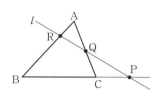

　メネラウスの定理は上の式以外にもたくさんあります。ですので, 次の3つのルールを覚えて, 当てはめて使ってください！

① **スタート＝ゴール**
② **3辺使う** ●————
③ **1辺につき2回ジャンプ**

> 使う3辺は, 比がわかっている2辺と, 知りたい比が含まれている1辺。

　次の例を通して使い方を確認しましょう！

例　右の図で, PQ：QRを求めよ。

　比がわかる辺がAC, PC
　知りたい比がある辺がPR
だからこの3辺を使います。

手順1 　求めたい比からジャンプ！
　PQ：QRを求めたいので, PからQ, QからRへとジャンプします。

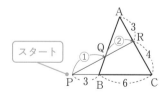

スタート

手順2 　比がわかる2辺をジャンプ！
　AC, PCは比がわかるので, R→A→C→B→Pとジャンプしてスタートに戻ります。

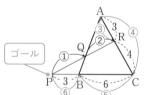

ゴール

> R→C→Aとジャンプすると, 比がわからない辺ABに行ってしまい, 2回ジャンプでPに戻れなくなってしまいます。

メネラウスの定理より,

$$\frac{①PQ}{②QR}\cdot\frac{③RA}{④AC}\cdot\frac{⑤CB}{⑥BP}=1, \ \text{すなわち,}\ \frac{PQ}{QR}\cdot\frac{3}{3+4}\cdot\frac{6}{3}=1$$

よって, $\dfrac{PQ}{QR}=\dfrac{7}{6}$ より,

　　PQ：QR＝7：6

1 右の図において，$AR : RB = 2 : 5$，$BC : CP = 4 : 3$ であるとき，$CQ : QA$ を求めよ。

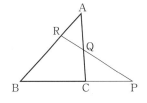

メネラウスの定理より，$\dfrac{CQ}{QA} \cdot \dfrac{2}{\boxed{}} \cdot \dfrac{\boxed{}}{\boxed{}} = 1$

よって，$\dfrac{CQ}{QA} = \dfrac{\boxed{}}{\boxed{}}$ より，$CQ : QA = \boxed{} : \boxed{}$

2 右の $\triangle ABC$ において，$AQ : QC = 2 : 1$，$BP : PC = 3 : 2$ であるとき，$PO : OA$ を求めよ。

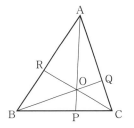

CHALLENGE メネラウスの定理の証明について，次の空欄に入る線分をうめよ。

頂点 C を通って l に平行な直線を引き，直線 AB との交点を S とする。また，$RB = x$，$RS = y$，$RA = z$ とおく。平行線と線分の比の関係から，

$\triangle BPR$ について，$BP : PC = \boxed{} : \boxed{}$ より，

$$\frac{BP}{PC} = \frac{\boxed{}}{\boxed{}} = \frac{x}{y}$$

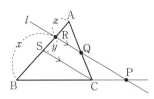

$\triangle ASC$ について，$CQ : QA = \boxed{} : \boxed{}$ より，

$$\frac{CQ}{QA} = \frac{\boxed{}}{\boxed{}} = \frac{y}{z}$$

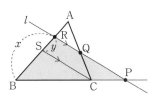

また，$\dfrac{AR}{RB} = \dfrac{z}{x}$ より，

$$\frac{BP}{PC} \cdot \frac{CQ}{QA} \cdot \frac{AR}{RB} = \frac{x}{y} \cdot \frac{y}{z} \cdot \frac{z}{x} = 1$$

であるから，メネラウスの定理は成り立つ。

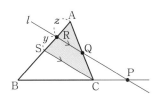

✔ CHECK
28講で学んだこと

□ メネラウスの定理は「スタート＝ゴール，3辺使う，1辺につき2回ジャンプ」

29講　円周角の定理は逆もいえる！
円周角の定理の逆

▶ **ここからつなげる**　ここでは「円周角の定理の逆」について学習します。円周角の定理は、円の中につくられる角度の性質でしたが、円周角の定理の逆は、角度がある条件をみたしていれば、それは実は円の中で考えていることと同じ意味になるというものです。

円周角の定理が成り立てば、4点は同一円周上

円周角の定理は、

① 中心角は円周角の2倍

② 同じ弧に対する円周角は等しい（右図で∠APB＝∠ACB）

でしたが、この定理は逆も成り立ちます。

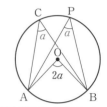

> **公式**　円周角の定理の逆
>
> **2点C, Pが直線ABに関して同じ側にあるとき、**
>
> ∠APB＝∠ACBならば、4点A, B, C, Pは
>
> 同一円周上にある。

4点A, B, C, Pが同一円周上にないとき、次のことがいえます。

① **点Pが3点A, B, Cを通る円の内部にあるとき**

線分APをPの側にのばした直線と円の交点をQとすると、

$$∠APB＝\underline{∠AQB}＋∠PBQ$$
$$＝\underline{∠ACB}＋∠PBQ$$

> 外角
> ＝隣り合わない内角の和

より、∠APBは∠ACBより大きくなります。

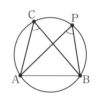

> 円周角の定理より、
> ∠ACB＋∠AQB

② **点Pが3点A, B, Cを通る円の外部にあるとき**

線分APと円の交点をQとすると、

∠APB＋∠PBQ＝∠AQBより、

$$∠APB＝∠AQB－∠PBQ$$
$$＝\underline{∠ACB}－∠PBQ$$

> 外角
> ＝隣り合わない内角の和

となり、∠APBは∠ACBより小さくなります。

よって、∠APB＝∠ACBとなるのは、

4点A, B, C, Pが同一円周上にあるときのみ

であるとわかります。

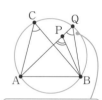
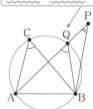

㊀　右の図において、4点A, B, C, Dは同一円周上にあるか調べよ。

点C, Dは直線ABに関して同じ側にあり、

$$∠ADB＝180°－(82°＋48°)＝50°＝∠ACB$$

よって、4点A, B, C, Dは同一円周上にあります。

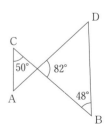

1 次の図において, 4点A, B, C, Dは同一円周上にあるかどうか調べよ。

(1)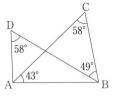

(2)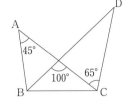

(1) 点C, Dは直線 [ア_____] に関して同じ側にあり,

$\angle ADB = \angle$ [イ_____]

が成り立つので, 4点A, B, C, Dは同一円周上に [ウ____] 。

(2) 点A, Dは直線 [エ_____] に関して同じ側にあるが,

$\angle BAC = 45°$, $\angle BDC =$ [オ____] °

となるので, 4点A, B, C, Dは同一円周上に [カ____] 。

2 右の図において, 4点A, B, C, Dは同一円周上にあるかどうか
調べよ。

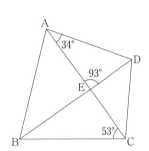

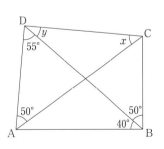

CHALLENGE 右の図において, 角x, yを求めよ。

CHECK
29講で学んだこと

□ 直線ABに関して同じ側にある点P, Qが∠APB=∠AQBなら, 4点A, B, P,
Qは同一円周上にある。

30講　向かい合う角の和が180°の四角形は円に内接する！
四角形が円に内接する条件

▶ここからつなげる　ここでは、「四角形が円に内接する条件」について学習します。円に内接する四角形では、向かい合う角の和は180°で、1つの内角はそれに向かい合う内角の隣にある外角に等しいです。どんな四角形ならば円に内接するでしょうか。

四角形の向かい合う角の和が180°であるとき、円に内接する

三角形には必ず外接円が存在するので、三角形は必ず円に内接するといえます。しかし、四角形は必ずしも円に内接するとは限りません。

円に内接する！　円に内接する！　円に内接する！　円に内接しない…

四角形が円に内接するための条件は、次のようになります。

> **公式**　**四角形が円に内接するための条件**
>
> ① 向かい合う角の和が180°の四角形は円に内接する。
>
> ② 1つの内角が、それに向かい合う内角の隣にある
>
> 　外角に等しい四角形は、円に内接する。

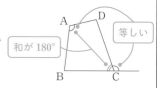

①と②のどちらか一方をみたせば、もう一方も必ずみたし、四角形は円に内接するといえます。

考えてみよう

次の四角形ABCDは円に内接するか調べよ。

(1) 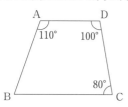　(2) 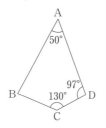　(3)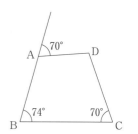

(1)　∠A＋∠C＝190°なので、向かい合う角の和は180°ではない。
　　よって、四角形ABCDは円に内接しない。

(2)　∠A＋∠C＝180°なので、向かい合う角の和は180°になる。
　　よって、四角形ABCDは円に内接する。

(3)　∠Cは∠A(∠Cに向かい合う角)の外角と等しいので、四角形ABCDは円に内接する。

　　四角形が円に内接するための条件は、4点が同一円周上にある条件ともとらえることができますね。

演 習

1 次の四角形 ABCD は円に内接するか調べよ。

(1)　　　　　　　　　　(2)　　　　　　　　(3)

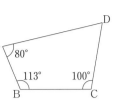

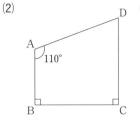

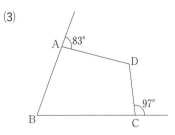

(1)　∠A＋∠C＝$\boxed{}^{ア}$°なので，四角形 ABCD は円に内接$\boxed{}^{イ}$。

(2)　∠A＋∠C＝$\boxed{}^{ウ}$°なので，四角形 ABCD は円に内接$\boxed{}^{エ}$。

(3)　∠A＝$\boxed{}^{オ}$°であり，これは∠Cの外角と$\boxed{}^{カ}$ので，

　　四角形 ABCD は円に内接$\boxed{}^{キ}$。

2 鋭角三角形 ABC において，辺 BC，CA，AB の中点を，それぞれ D，E，F とすると，△AFE，△BDF，△CED の外接円は，どれも△ABC の外心 O を通ることを証明せよ。

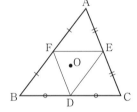

　O は△ABC の外心より，線分 AC，AB の垂直二等分線上にあるから，

　　　∠OEA＝∠OFA＝$\boxed{}^{ア}$°

　よって，∠OEA＋∠OFA＝$\boxed{}^{イ}$°であるから，四角形 AFOE は円に内接する。すなわち，△AFE の外接円は，△ABC の外心 O を通る。

　同様に，△BDF，△CED の外接円も△ABC の外心 O を通る。

CHALLENGE　　AD∥BC である台形 ABCD において，∠ABC＝∠BCD＝xであるとき，この台形は円に内接することを証明せよ。

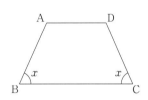

HINT　1つの内角が，それに向かい合う角の外角に等しいことを示そう。

✔ CHECK
30講で学んだこと

□ 向かい合う角の和が 180°の四角形は円に内接する。
□ 1つの内角がそれに向かい合う内角の隣にある外角に等しい四角形は円に内接する。

31講

長さに関する4点が同一円周上にある条件！
方べきの定理の逆(1)

▶ここからつなげる　円の2つの弦（またはその延長線上）の交点について、
（点から円）×（点から円）＝（点から円）×（点から円）が成り立つという「方べきの定理」
の逆を考えます。長さに着目した4点が同一円周上にある条件を学びます。

PA×PB＝PC×PDのとき，4点A，B，C，Dは同一円周上にある

4点A，B，C，Dが同一円周上にある条件には、次のものもあります。

公式

方べきの定理の逆(1)

　2つの直線ABとCDの交点を
Pとするとき，

$$PA×PB＝PC×PD$$

が成り立つならば，4点A，B，C，
Dは同一円周上にある。

【証明】
　PA×PB＝PC×PDより，
　　PA：PD＝PC：PB　…①
また，∠APC＝∠DPB　　…②
①，②より，2組の辺の比とその間の角が
それぞれ等しいので，
　　△PAC∽△PDB
対応する角が等しいので，
　　∠CAP＝∠BDP
したがって，4点A，B，C，Dは同一円周
上にある。

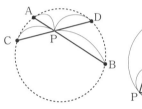
$a：b＝c：d$は$ad＝cb$とできる。
その逆の計算をしたんだね！
対頂角が等しい。

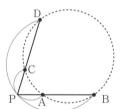
共通の角。

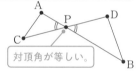
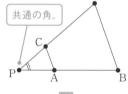

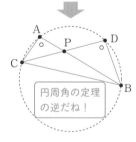
円周角の定理
の逆だね！

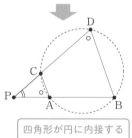
四角形が円に内接する
ための条件②だね！

例　次の図の4点A，B，C，Dが同一円周上にあるか調べよ。

(1)　PA×PB＝4×4＝16，
　　PC×PD＝2×8＝16
　　　PA×PB＝PC×PDより，
　　4点は同一円周上にあります。

(2)　PA×PB＝3×8＝24，
　　PC×PD＝4×7＝28
　　　PA×PB≠PC×PDなので，4点は同一円周上にないです。

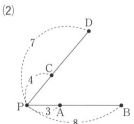

演 習

1 次の図の4点A, B, C, Dは同一円周上にあるか調べよ。

(1)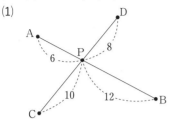

(2)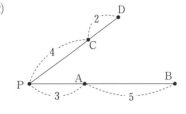

(1) PA×PB=□ア□, PC×PD=□イ□

PA×PB□ウ□PC×PD

であるから, 4点A, B, C, Dは同一円周上に□エ□。

(2) PA×PB=□オ□, PC×PD=□カ□

PA×PB□キ□PC×PD

であるから, 4点A, B, C, Dは同一円周上に□ク□。

CHALLENGE 2つの円O, O′は2点A, Bで交わる。直線
AB上の点Pから右の図のように直線を2つひき, 円Oと
の交点をC, D, 円O′との交点をE, Fとする。このとき, 4
点C, D, E, Fは同一円周上にあることを証明する。以下の
空欄をうめよ。

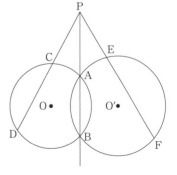

円Oについて, 方べきの定理より,

PA×□ア□=□イ□×PD …①

円O′について, 方べきの定理より,

PA×□ア□=PE×□ウ□ …②

①, ②より,

□イ□×PD=PE×□ウ□

よって, 4点C, D, E, Fは同一円周上にある。

✔CHECK
31講で学んだこと

□ 2つの直線ABとCDの交点をPとするとき, PA×PB=PC×PDが成り立
つならば, 4点A, B, C, Dは同一円周上にある。

32講 直線PTが△ABTの外接円に点Tで接する条件！

方べきの定理の逆(2)

「接線と弦のつくる角の性質」を覚えていますか？　あの性質は「接弦定理」とよばれることもあります。今回は「接弦定理の逆」が成り立つことを利用して，「方べきの定理」のうち接線が関わる方の「逆」もまた成り立つことを確認します。

$PA \times PB = PT^2$ のとき，直線PTは△ABTの外接円の接線

線分の片方が接線となる場合の方べきの定理の逆は，次のとおりです。

> **公式**　**方べきの定理の逆(2)**
>
> 　　△ABTの辺ABの延長上に点Pがあって，
>
> 　　　$PA \times PB = PT^2$
>
> 　　が成り立つならば，直線PTは△ABTの外接円に点Tで
>
> 　　接する。

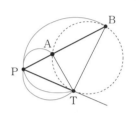

ここで，この証明に必要な「接弦定理の逆」を紹介します。

> **公式**　**接弦定理の逆**
>
> 　　直線ABに関し，点C, Dが互いに反対側にあり，
>
> 　　∠BAD＝∠ACBが成り立つとき，直線ADは△ABCの外
>
> 　　接円に接する。

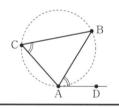

これを用いて，方べきの定理の逆(2)を証明します。
$PA \times PB = PT \times PT$ より，
　　$PA : PT = PT : PB$　…①
また，∠TPA＝∠BPT　　…②（共通の角）
①，②より，2組の辺の比とその間の角がそれぞれ等しいので，
　　△APT∽△TPB
対応する角は等しいので，∠ATP＝∠TBP

直線ATに関し，点B, Pが互いに反対側にあるので，接弦定理の逆より，直線PTは△ABTの外接円に接する。

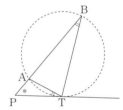

> **考えてみよう**
>
> 右の図において，直線PTは△ABTの外接円の接線かどうか調べよ。
>
> 　　$PA \times PB = 3 \times 12 = 36$, $PT^2 = 6^2 = 36$
> より，
> 　　$PA \times PB = PT^2$
> よって，直線PTは△ABTの外接円の接線である。

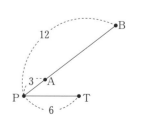

1 次の図において，直線PTは△ABTの外接円の接線であるかどうか調べよ。

(1)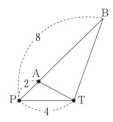

(2)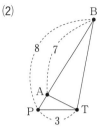

(1) PA×PB=$\boxed{}^{ア}$, PT²=$\boxed{}^{イ}$ より，

   PA×PB$\boxed{}^{ウ}$PT²

   よって，直線PTは△ABTの外接円の接線で$\boxed{}^{エ}$。

(2) PA×PB=$\boxed{}^{オ}$, PT²=$\boxed{}^{カ}$ より，

   PA×PB$\boxed{}^{キ}$PT²

   よって，直線PTは△ABTの外接円の接線で$\boxed{}^{ク}$。

CHALLENGE　右の図のように交わらない2つの円があり，その中心をA, Bとする。直線lは2円の共通接線であり，円A，円Bとの接点をそれぞれC, Dとおく。さらに，線分CDの中点をMとし，Mを通る直線と円Aの交点をE, Fとする。このとき，3点D, E, Fを通る円は点Dでlに接することを示す。以下の空欄をうめよ。

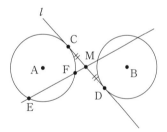

　円Aについて方べきの定理より，

   $\boxed{}^{ア}{}^2$＝ME・$\boxed{}^{イ}$

   $\boxed{}^{ア}$＝$\boxed{}^{ウ}$ より，

   $\boxed{}^{ウ}{}^2$＝ME・$\boxed{}^{イ}$　…①

　点Mは△$\boxed{}^{エ}$の辺$\boxed{}^{オ}$の延長上にあり，①より，直線$\boxed{}^{ウ}$は△$\boxed{}^{エ}$の外接

円に点$\boxed{}^{カ}$で接する。

　したがって，3点D, E, Fを通る円は点Dでlに接する。

✔ CHECK
32講で学んだこと

□ △ABTの辺ABの延長上に点Pがあって，PA×PB＝PT² が成り立つならば，直線PTは△ABTの外接円に点Tで接する。

33講 2つの円の位置関係には5通りある！
2つの円の共通接線

▶ ここからつなげる　今回は「2つの円の共通接線」について学習します。2つの円の位置関係は、「外部にある」「外接する」「2点で交わる」「内接する」「内部にある」の5通りあります。そのそれぞれについて, 2つの円の両方に接する接線について考えます。

2つの円の両方の接線となっている直線を共通接線という

2つの円の両方の接線となっている直線を2円の共通接線といいます。特に, 2つの円が共通接線に関して同じ側にあるとき, その接線を共通外接線といい, 2つの円が共通接線に関して逆側にあるとき, その接線を共通内接線といいます。

半径が異なる2つの円について, その位置関係は全部で5通りあり, 共通接線の本数は次のようになります。

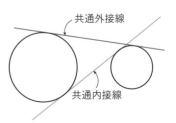

① **互いに他方の外部にあるとき**

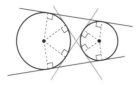

共通接線は4本
（共通外接線2本, 共通内接線2本）

② **外接するとき**

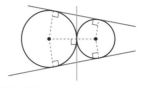

共通接線は3本
（共通外接線2本, 共通内接線1本）

③ **2点で交わるとき**

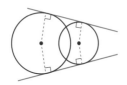

共通接線は2本
（共通外接線2本）

④ **内接するとき**

共通接線は1本
（共通外接線1本）

⑤ **一方が他方の内部にあるとき**

共通接線は0本

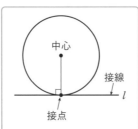

円の接線は, 接点を通る半径に垂直になるんだったね！

(補足)　2つの円の共通接線における接点間の距離は, 長方形をつくり, 三平方の定理を利用することで求めます。

1 右の図において，直線lは2つの円O，Pの共通接線であり，A，Bは円との接点である。このとき，線分ABの長さを求めよ。

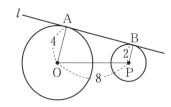

点Pから線分OAに垂線を下ろし，その交点をHとする。四角形ABPHは長方形より，

$$AB = \boxed{\text{ア}}$$

$$OH = OA - AH = \boxed{\text{イ}} - \boxed{\text{ウ}} = \boxed{\text{エ}}$$

また，$\angle OHP = \boxed{\text{オ}}^\circ$であるから，△OPHで三平方の定理より，$OP^2 = OH^2 + PH^2$が成り立ち，

$$\boxed{\text{カ}}^2 = \boxed{\text{エ}}^2 + PH^2$$

$$PH^2 = \boxed{\text{キ}}$$

PH>0より，

$$PH = \boxed{\text{ク}}$$

よって，

$$AB = PH = \boxed{\text{ク}}$$

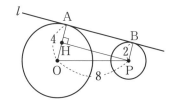

CHALLENGE 右の図において，直線lは2つの円O，Pの共通接線であり，A，Bは円との接点である。このとき，線分ABの長さを求めよ。

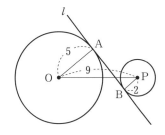

HINT 線分OAをAの側に延長した直線に点Pから垂線を下ろし，その交点をHとする。△OPHで三平方の定理を利用しよう。

✓ CHECK 33講で学んだこと

□ 2つの円の位置関係には5通りある。
□ 2つの円の共通接線における接点間の距離は，長方形をつくり，三平方の定理を利用する。

34講 平行線を作図するときは平行四辺形を利用する！

いろいろな作図

▶ **ここからつなげる** ここでは「いろいろな作図」について学習します。作図において，定規は直線をひくためだけに使い，コンパスは円をかいたり，長さを測りとるためだけに使います。今回は特に，平行線や内分点の作図方法を学びましょう。

POINT 1 平行線を作図しよう

ある点を通り，ある直線に平行な直線を作図してみましょう。

例 直線 l と l 上にない点 P が与えられたとき，P を通り l に平行な直線を作図せよ。

① 直線 l 上に 2 点 A, B をとります。

② P を中心とする半径 AB の円と，B を中心とする半径 AP の円をかき，この 2 円の交点のうち直線 PB に関して A と反対側にある点を Q とします。

③ 直線 PQ をひくと，これが P を通り l に平行な直線となります。

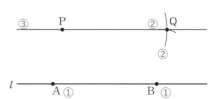

POINT 2 内分点を作図しよう

m, n を正の整数とします。与えられた線分を $m:n$ に内分する点は，次のように作図することができます。

例 2 点 A, B が与えられたとき，線分 AB を $2:1$ に内分する点 P を作図せよ。

① 半直線 AX をひきます。

② A を中心とする適当な半径の円をかき，AX との交点を A_1 とします。

③ A_1 を中心とし，②と等しい半径の円をかき，AX との交点を A_2 とします。

④ A_2 を中心とし，②と等しい半径の円をかき，AX との交点を A_3 とします。

⑤ A_2 を通り直線 A_3B に平行な直線をひくと，線分 AB との交点が求める点 P です。
（平行線は POINT 1 で学んだ方法でひくことができます。）

平行線と線分の比の関係を使うと，
$$AP : PB = AA_2 : A_2A_3 = 2 : 1$$
となるので，この作図方法が正しいことがわかりますね。

平行線のひき方は上の POINT 1 を確認しよう。

$m:n$ に内分するときは，A_{m+n} まで点をとる。

$m:n$ に内分するときは，点 A_m から平行線をひく。

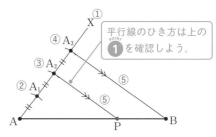

1 以下の線分ABに, 線分ABを2：3に内分する点Pを作図せよ。

A ●───────────────────────────● B

2 **1** の平行線の作図方法が正しい理由を考える。以下の空欄をうめよ。

Pを中心として半径ABの円をかいたので,

$\quad$ PQ = $\boxed{}^{ア}$ …①

Bを中心として半径APの円をかいたので,

$\quad$ BQ = $\boxed{}^{イ}$ …②

①, ②より, 四角形ABQPは $\boxed{}^{ウ}$ であるから,

直線PQは直線 l と平行になる。

CHALLENGE $\quad$ 点Oを中心とする円 C と, 円の外部の点
Aが与えられているとき, Aを通り C に接する2本の
接線を作図する方法は次のとおりである。以下の空欄
をうめよ。

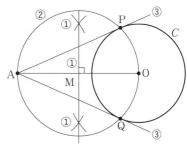

① 線分AOの垂直二等分線をひき, 線分AOとの交
$\quad$ 点をMとする。

② Mを中心としてA, Oを通る円をかき, 円 C との
$\quad$ 交点をP, Qとする。

③ 直線AP, AQをひくと, これが求める2接線である。

【証明】 PはAOを直径とする円周上の点より,

$\quad\quad \angle \mathrm{APO} = \boxed{}^{ア}$ °

また, Pは円 C 上の点であるので, 直線APは円 C の接線である。

$\quad$ 直線AQについても同様である。

✓ CHECK
34講で学んだこと

□ 平行四辺形をつくることで, 平行線を作図する。
□ 平行線と線分の比を利用して, 内分点を作図する。

35講 正の数の積・商の長さの作図は線分の比がポイント！
積・商の長さの作図

▶ ここからつなげる　ここでは，「積・商の長さの作図」について学習します。2つの正の数 a, b の積 ab や商 $\dfrac{a}{b}$ の長さを作図する方法を学習しましょう。

POINT 1 長さが 1, a, b の 3 つの線分から，長さが ab の線分を作図しよう

例　長さが 1, a, b の 3 つの線分が与えられたとき，長さが ab の線分を作図せよ。

① 同一直線上に，OP＝1，PQ＝a となる 3 点 O, P, Q をこの順にとります。

② O を通り，直線 OP とは異なる直線 l をひき，l 上に OR＝b となる点 R をとります。

③ 点 Q を通り，直線 PR に平行な直線をひき，半直線 OR との交点を S とします。
このときの線分 RS の長さが ab となります。

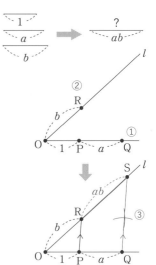

これは平行線と線分の比を用いることで証明することができます（演習 2 でやります）。

POINT 2 長さ 1, a, b の 3 つの線分から，長さ $\dfrac{a}{b}$ の線分を作図しよう

例　長さが 1, a, b の 3 つの線分が与えられたとき，長さが $\dfrac{a}{b}$ の線分を作図せよ。

① 同一直線上に，OP＝b，PQ＝a となる 3 点 O, P, Q をこの順にとります。

② O を通り，直線 OP とは異なる直線 l をひき，l 上に OR＝1 となる点 R をとります。

③ 点 Q を通り，直線 PR に平行な直線をひき，半直線 OR との交点を S とします。
このときの線分 RS の長さが $\dfrac{a}{b}$ となります。

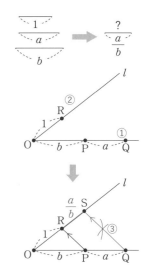

これも平行線と線分の比を用いることで証明することができます（CHALLENGE でやります）。

1 長さが $1, \sqrt{3}, \sqrt{5}$ の線分を用いて, 長さが $\sqrt{15}$ の線分を作図せよ。

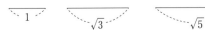

2 長さが ab の線分の作図方法が, **1** のようにできることを証明する。以下の空欄をうめよ。

右の図において, PR∥QS より,
$$OP : PQ = \boxed{ア} : RS$$
$OP=1,\ OR=b,\ PQ=a$ より,
$$\boxed{イ} : a = \boxed{ウ} : RS$$
よって,
$$RS = ab$$

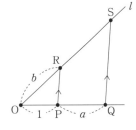

CHALLENGE 長さが $\dfrac{a}{b}$ の線分の作図方法が, **2** のようにできることを証明せよ。

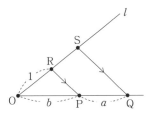

HINT　長さが ab の線分の作図のときと同様に, 平行線と線分の比の関係を利用しよう。

✔ CHECK
35講で学んだこと

☐ 長さが $1, a, b$ の線分と平行線と線分の比を利用して長さが ab の線分を作図する。

☐ 長さが $1, a, b$ の線分と平行線と線分の比を利用して長さが $\dfrac{a}{b}$ の線分を作図する。

36講 平方根の長さの作図は相似を利用！
平方根の長さの作図

▶ **ここからつなげる** ここでは，「平方根の長さの作図」について学習します。長さ 1 の線分を用いると，三平方の定理を利用すれば $\sqrt{2}$, $\sqrt{3}$, … と平方根の長さが作図できます。与えられた長さ a の線分から $\sqrt{a}$ の長さの作図をする方法を学びましょう。

POINT 長さが 1, a の線分から，長さが $\sqrt{a}$ の線分を作図しよう

例 長さが 1, a の 2 つの線分が与えられたとき，長さが $\sqrt{a}$ の線分を作図せよ。

① 同一直線上に，$AB=a$, $BC=1$ となる 3 点 A, B, C をこの順にとります。

② 線分 AC の垂直二等分線と AC との交点を O とし，O を中心として半径 OA の円をかきます。

③ B を通り，直線 AC に垂直な直線をひき，②の円との交点の 1 つを P とすると，線分 BP が長さ $\sqrt{a}$ の線分となります。

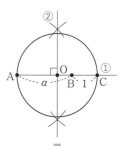

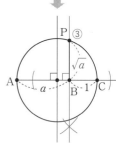

上の例において $BP=\sqrt{a}$ となる理由を考えてみましょう。
$\triangle ABP$ と $\triangle PBC$ において，
$$\angle ABP = \angle PBC = 90°,$$
$$\angle APB = 90° - \angle BPC = \angle PCB$$
より，2 組の角がそれぞれ等しいので，
$$\triangle ABP \backsim \triangle PBC$$
対応する辺の比は等しいから，
$$AB : PB = BP : BC$$
$$BP^2 = AB \times BC$$
$$BP^2 = a \times 1 = a$$
$BP > 0$ より，
$$BP = \sqrt{a}$$

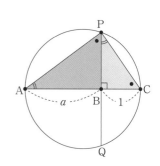

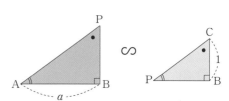

また，方べきの定理を使うことでも確認することができます。直線 BP と円との交点を Q とすると，$BQ=BP$ であり，方べきの定理より，
$$BP \times BQ = BA \times BC$$ ○— BQ=BP, BA=a, BC=1
$$BP^2 = a$$
$BP > 0$ より，
$$BP = \sqrt{a}$$

1 以下の長さ 1, 3 の 2 つの線分を用いて, 長さが $\sqrt{3}$ である線分を作図せよ。

CHALLENGE　長さ a, b の 2 つの線分が与えられたとき, 長さが $\sqrt{ab}$ である線分を作図する方法は次のとおりである。

① 同一直線上に, $AB=a$, $BC=b$ となる
  3 点 A, B, C をこの順にとる。

② 線分 AC の垂直二等分線と AC との交点を O とし,
  O を中心として半径 OA の円をかく。

③ B を通り, 直線 AC に垂直な直線をひき,
  ②の円との交点の 1 つを P とすると,
  線分 BP が求める線分である。

  この方法が正しいことを証明する。以下の空欄をうめよ。

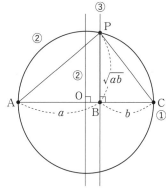

直線 PB と円との 2 交点のうち P でない方を Q とする。
方べきの定理より,

$$BA \cdot \boxed{}^{ア} = \boxed{}^{イ} \cdot BQ$$

$BA=a$, $BC=b$, $BP=BQ$ であるから,

$$\boxed{}^{ウ} = \boxed{}^{イ\,2}$$

$BP>0$ より,

$$BP=\sqrt{ab}$$

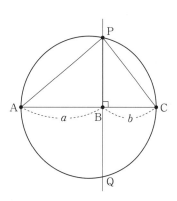

✔ CHECK
36講で学んだこと

□ $\sqrt{a}$ の作図は相似, もしくは方べきの定理を利用する。

37講 空間内での2直線の位置関係は「交わる」「平行」「ねじれの位置」の3通り！
2直線の位置関係

▶ここからつなげる　ここでは，「2直線の位置関係」について学習します。平面上では2つの直線は「交わる」か「平行である」のどちらかでしたね。空間で考えると，平行でなくても交わらない場合が出てきます。詳しく学んでいきましょう。

POINT 1　空間内での2直線の位置関係は「交わる」，「平行」，「ねじれの位置」

空間内での異なる2直線 l, m の位置関係は，次の①～③の場合があります。

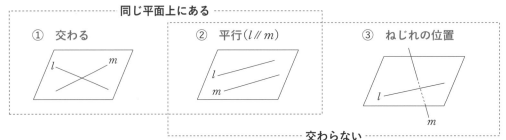

POINT 2　2直線のなす角は交わってできる角のうち90°以下のもの

平面上で交わる2**直線 l, m のなす角**とは[図1]の**角 θ** のことで，90°以下の範囲で考えます。

ねじれの位置にある2直線 l, m のなす角は，[図2]のように，l と m が交わる位置へ l を平行移動した直線 l' をひいて考えます。l をどのように平行移動させたとしても，l' と m のなす角は一定になるので，この**l' と m のなす角**を，2**直線 l, m のなす角**と定めます。

2**直線 l, m のなす角**が90°のとき，l と m は「垂直」であるといい，「$l \perp m$」と表します。垂直な2直線が交わるとき，2直線は「直交する」といいます。

[図1]
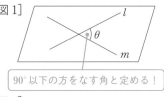
90°以下の方をなす角と定める！

[図2]
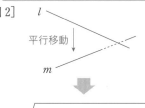
平行移動

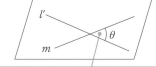
この角を l と m のなす角と定める！

辺 AE, DH, EF, HG も辺 BC と「垂直」ではあるが，交わっていないので，「直交」してはいない。

例えば，右図の立方体について，

[1]　辺 BC と直交する辺は，
　　　　辺 AB, 辺 DC, 辺 BF, 辺 CG

[2]　辺 BC と平行な辺は，
　　　　辺 AD, 辺 FG, 辺 EH

[3]　2直線 AC, EH のなす角 θ は，2直線 AC, AD のなす角に等しくなります。△ACD は直角二等辺三角形なので，$\theta = 45°$ です。

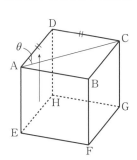

演習

1 右の図の立方体について，次の問いに答えよ。

(1) 辺CGと平行な辺を求めよ。

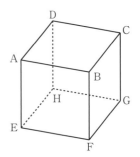

(2) 辺EFと直交する辺を求めよ。

(3) 2直線BG, EHのなす角を求めよ。

CHALLENGE 右の図のような直方体について，次の2直線のなす角をそれぞれ求めよ。

(1) 直線AHと直線FG

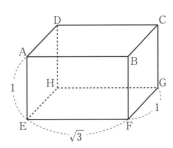

(2) 直線BEと直線HG

ヽ l ／
HINT 片方の直線を交わる位置に平行移動して考えよう。

✓ CHECK
37講で学んだこと

□ 空間内の2直線の位置関係は「交わる」「平行」「ねじれの位置」の3通り。
□ 2直線が交わってできる角のうち90°以下のものを2直線のなす角という。

38講　平面の決定条件は「異なる3点」がポイント！
平面の決定条件

▶ ここからつなげる　ここでは「平面の決定条件」について学習します。自転車に乗りながら静止するには、両輪（2点）と少なくとも片足（1点）をつければ安定して止まることができますね。これは平面が異なる3点によって決まることから説明ができます。

POINT　1直線上にない3点を通る平面はただ1つに決まる

直線の決定については「異なる2点を通る直線はただ1つに決まる」というものがありました。

平面の決定については、次のようになります。

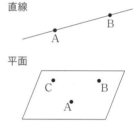

直線

平面

> **公式**　| 平面の決定条件 |
>
> 同一直線上にない異なる3点を通る
> 平面はただ1つに決まる。

また、次の①〜③のいずれかが与えられても平面はただ1つに決定されます。

① 1直線とその直線上にない1点

② 交わる2直線

③ 平行な2直線

①、②については、2点が決まれば直線が決まるということから、どちらも3点を定めることができ、平面が決定されます。

③については、前講でやったとおり、2直線が平行なときは同一平面上にあることがわかっているので、平面が決定されます。

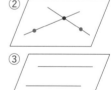

考えてみよう

次の**ア〜ウ**の中で、その点や直線を含む平面がただ1つに決まるものをすべて選べ。
ア 交わる2直線　　**イ** 直線ABと点C　　**ウ** 平行な2直線

　　ア … 上の②にあてはまるので、平面は決まる。
　　イ … 直線AB上に点Cがある場合は平面は決まらない。
　　ウ … 上の③にあてはまるので、平面は決まる。
　よって、
　　ア, **ウ**

イ の決められない例

1 次の**ア～エ**で, その点や直線を含む平面がただ1つに決まるものをすべて選べ。1つに決まらない場合は, できない例を図で示せ。

> **ア** 異なる3点で交わる3直線を含む平面
> **イ** 2直線を含む平面
> **ウ** 1点で交わる3直線を含む平面
> **エ** 直線とその直線上にない2点を含む平面

CHALLENGE 異なる3点A, B, Cを含む平面は1つに決定できる場合もあるが, 決定できない場合もある。3点A, B, Cを含む平面が決定できない例はどのような場合か。

HINT 3点がある場所に着目しよう。

✔CHECK
38講で学んだこと

☐ 同一直線上にない異なる3点を通る平面はただ1つに決まる。
☐ 「1直線とその直線上にない1点」「交わる2直線」「平行な2直線」のいずれかが与えられれば平面はただ1つに決まる。

39講　直線と平面の位置関係は「含まれる」「1点で交わる」「平行」の3通り！

直線と平面の位置関係

▶ここからつなげる　ここでは，「直線と平面の位置関係」について学習します。イタリアのピサの斜塔は南側に傾いているので，北からだとまっすぐにみえますが東からだと傾いてみえます。地面に垂直に立っている状態とはどのような条件でしょうか。

POINT 1　直線と平面の位置関係は「含まれる」，「1点で交わる」，「平行」

空間内での直線 l と平面 α の位置関係は，次の①〜③の3つの場合があります。

① 直線が平面に含まれる

（直線 l が平面 α 上にある）

② 1点で交わる

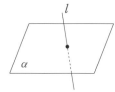

（直線 l と平面 α が1点
で交わる）

③ 平行である（$l /\!/ \alpha$）

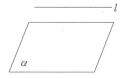

（直線 l と平面 α が
交わらない）

POINT 2　直線が平面上のすべての直線と垂直のとき，直線は平面に垂直

直線 l が平面 α と交わり，l が α 上のすべての直線に垂直であるとき，l は平面 α に垂直であるといい，$l \perp \alpha$ と表します。この直線 l を平面 α への垂線といいます。

また，直線 l が平面 α 上の

平行でない2直線に対して垂直

であれば，

直線 l は平面 α に垂直

になります。

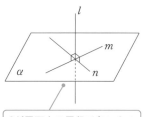

> l が平面上の平行でない2つの直線と垂直であれば，平面と垂直であるといえる。

考えてみよう

平面 α 上にない点Pがあり，また平面 α 上の直線 l 上に点A，平面 α 上で直線 l 上にない点Oをとる。

$OP \perp \alpha$，$OA \perp l$ ならば $PA \perp l$ となることを示せ。

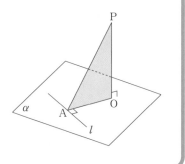

$OP \perp \alpha$ より，OP は α 上のすべての直線と垂直になるので，$OP \perp l$ である。また $OA \perp l$ でもあるから，平面AOPは l と垂直になる。APは平面AOP上にあるので，$AP \perp l$ が成り立つ。

これと 演習 1 2 を合わせて，「三垂線の定理」といいます。

1 平面 α 上にない点Pがあり，また平面 α 上の直線 l 上に点A，平面 α 上で直線 l 上にない点Oをとる。$PO\perp\alpha$，$PA\perp l$ ならば $OA\perp l$ となることを示せ。

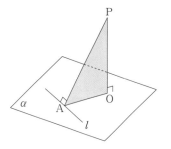

PO$\perp\alpha$ より，POは α 上のすべての直線と垂直になるので，

PO$\perp$ [ア] である。またPA$\perp l$ でもあるから，

平面 [イ] は [ア] と垂直になる。

OAは平面AOP上にあるので，OA$\perp l$ が成り立つ。

2 平面 α 上にない点Pがあり，また平面 α 上の直線 l 上に点A，平面 α 上で直線 l 上にない点Oをとる。$PA\perp l$，$AO\perp l$，$PO\perp AO$ ならば $PO\perp\alpha$ となることを示せ。

PA$\perp l$ かつ AO$\perp l$ なので，平面 [ア] は [イ] と垂直になる。

よって，PO$\perp$ [イ] である。

また，PO$\perp$OA より，POは平面 α 上の平行でない [ウ] つの直線と垂直であるので，PO$\perp\alpha$ が成り立つ。

CHALLENGE 空間内の異なる2つの直線 l，m と平面 α について，次の(1)，(2)は常に成り立つかどうか答えよ。また，成り立たない場合はどのような場合か。

(1) $l\perp\alpha$ かつ $m\perp\alpha$ ならば，$l\,/\!/\,m$ である。

(2) $l\,/\!/\,\alpha$ かつ $m\,/\!/\,\alpha$ ならば，$l\,/\!/\,m$ である。

✓ CHECK
39講で学んだこと

☐ 直線と平面の位置関係は，「含まれる」「1点で交わる」「平行」の3通り。
☐ 直線が平面上のすべての直線と垂直であるとき，直線は平面に垂直である。

図形の性質 ── 39講 ▼ 直線と平面の位置関係

Chapter **3**

40講 2平面の位置関係は「交わる」か「平行である」かの2通り！
2平面の位置関係

▶ここからつなげる ここでは，「2平面の位置関係」について学習します。平らでどこまでものびている面を「平面」といいます。2つの平面のなす角はどの部分を表すかなどを学んでいきます。

POINT 1 2つの平面の位置関係は「交わる」か「平行」

空間内にある異なる2つの平面 α, β の位置関係は，次の2つの場合があります。

① 交わる

α と β の交わったところは直線で，これを平面 α, β の交線といいます。

② 平行である

平面 α, β が交わらないとき，α と β は平行であるといい，$\alpha /\!/ \beta$ と表します。

POINT 2 2つの平面のなす角は，各平面上の交線に垂直な直線のなす角

2つの平面 α, β が交わっているとき，2平面 α, β の交線 l 上の1点 X を通り，平面 α, β 上にそれぞれ l に垂直な直線 m, n をひいたとき，2直線 m, n のつくる角のうち90°以下の角を2つの平面 α, β のなす角といいます。また，2平面 α, β のなす角が90°であるとき，α と β は垂直である，または直交するといい，$\alpha \perp \beta$ と表します。

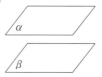

考えてみよう

右図の立方体について，次の問いに答えよ。
(1) 面 ABCD と平行な面はどれか。
(2) 面 ABCD と垂直な面はどれか。
(3) 平面 ABCD と平面 AHGB のなす角を求めよ。

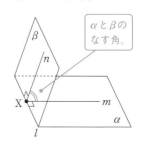

(1) 面 EFGH
(2) 面 AEFB, 面 BFGC, 面 DHGC, 面 AEHD
(3) 平面 ABCD と平面 AHGB のなす角は，辺 BC と線分 BG のなす角に等しいので，
    45°

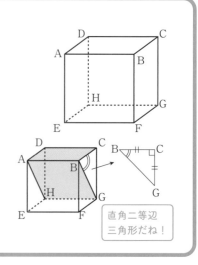

1 右の図の立方体について, 次の問いに答えよ。

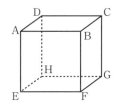

(1) 面BFGCと平行な面はどれか。

(2) 面BFGCと垂直な面はどれか。

(3) 平面AEFBと平面BFGCのなす角を求めよ。

(4) 平面AEHDと平面DHFBのなす角を求めよ。

CHALLENGE 右の図のような直方体について, それぞれ2平面のなす角を求めよ。

(1) 平面DABCと平面DEFC

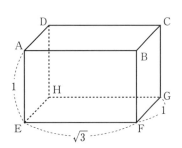

(2) 平面DABCと平面HEBC

HINT 2平面の交線にそれぞれの平面上で垂直な直線のなす角を考えよう。

CHECK
40講で学んだこと

□ 2つの平面の位置関係は, 交わるか平行であるかの2通り。
□ 2つの平面のなす角は, 各平面上の交線に垂直な直線のなす角である。

41講　倍数の判定法を理解しよう！

倍数の判定法

▶ ここからつなげる 「倍数の判定法」について学習します。その数が「2 の倍数」や「5 の倍数」や「4 の倍数」であるかどうかは，実際にわってみなくても調べられる方法があります。その方法を理解し，何の倍数か見分けられるようにしましょう。

POINT 1　2 の倍数は一の位が 0, 2, 4, 6, 8 であり，5 の倍数は一の位が 0 か 5

例えば，
$$3456 = 3450 + 6 = 345 \times 10 + 6$$
$$= 345 \times 2 \times 5 + 6$$

> 345×2×5 は 2 の倍数。6 も 2 の倍数で，
> （2 の倍数）＋（2 の倍数）＝（2 の倍数）
> より，3456 は 2 の倍数とわかる。

のように，自然数 N は，一の位を a とすると，
負でない整数 k を用いて
$$N = 10k + a$$
$$= 2 \cdot 5k + a$$

> a が 2 の倍数ならば，
> $a = 2l$（l は 0 以上の整数）と表せて，
> $N = 2 \cdot 5k + a = 2 \cdot 5k + 2l = 2(5k + l)$

と表せますね。

$2 \cdot 5k$ は 2 の倍数だから，a（一の位）が 2 の倍数であれば，N も 2 の倍数とわかります。よって，ある数が 2 の倍数になる条件は**一の位が 2 の倍数**となります。

ある数が 5 の倍数になる条件も**一の位が 5 の倍数**となり，まとめると次のようになります。

・2 の倍数 … **一の位が 2 の倍数**　　　　・5 の倍数 … **一の位が 5 の倍数**

POINT 2　4 の倍数は下 2 桁が 4 の倍数

千の位が a，百の位が b，十の位が c，一の位が d である 4 桁の自然数 N は，
$$N = 1000a + 100b + 10c + d$$
$$= 4 \cdot 250a + 4 \cdot 25b + 10c + d$$
$$= 4(250a + 25b) + 10c + d$$

> 例えば，2548 であれば，
> $2548 = 1000 \times 2 + 100 \times 5 + 10 \times 4 + 8$
> のように表せる。

$4(250a + 25b)$ は 4 の倍数だから，N が 4 の倍数であるのは，$10c + d$, つまり，**下 2 桁が 4 の倍数**のときです。4 桁以外の場合も同じように考えることができます。

また，同様に考えると，ある数が 8 の倍数となる条件は，下 3 桁が 8 の倍数のときです。

・4 の倍数 … **下 2 桁が 4 の倍数**　　　　・8 の倍数 … **下 3 桁が 8 の倍数**

考えてみよう

次の数の中から，4 の倍数，5 の倍数をすべて選べ。
334, 524, 7245, 826, 1240, 2378, 5356

「24, 40, 56」は 4 の倍数であり，下 2 桁が 4 の倍数であればその数も 4 の倍数であるから，
4 の倍数：524, 1240, 5356
下 1 桁が 5 の倍数であればその数も 5 の倍数であるから，
5 の倍数：7245, 1240

演 習

1 次の問いに答えよ。

(1) 3桁の自然数 35□ が 2 の倍数になるとき, □に入る数をすべて求めよ。

(2) 4桁の自然数 852□ が 5 の倍数になるとき, □に入る数をすべて求めよ。

(3) 5桁の自然数 2847□ が 4 の倍数になるとき, □に入る数をすべて求めよ。

CHALLENGE 次の問いに答えよ。

(1) ある自然数が 3 の倍数であるのは, その「各位の数の和が 3 の倍数」のときである。このことを 4 桁の自然数の場合を例にして説明する。以下の空欄をうめよ。

千の位が a, 百の位が b, 十の位が c, 一の位が d である 4 桁の自然数 N は,

$N=\boxed{}^{ア}a+\boxed{}^{イ}b+\boxed{}^{ウ}c+d$

これを変形すると

$N=\boxed{}^{エ}a+\boxed{}^{オ}b+\boxed{}^{カ}c+a+b+c+d$

$=3\left(\boxed{}^{キ}a+\boxed{}^{ク}b+\boxed{}^{ケ}c\right)+a+b+c+d$

$3\left(\boxed{}^{キ}a+\boxed{}^{ク}b+\boxed{}^{ケ}c\right)$ は $\boxed{}^{コ}$ の倍数であるから, N が 3 の倍数となる

のは, $a+b+c+d$, つまり N の各位の数の和が 3 の倍数のときである。

(2) 5桁の自然数 4□7○5 の□と○に, それぞれ適当な数を入れると, 3 の倍数になる。このような自然数で最大のものを求めよ。

✔ CHECK
41講で学んだこと

□ 2 の倍数は一の位が 0, 2, 4, 6, 8
□ 4 の倍数は下 2 桁が 4 の倍数
□ 3 の倍数は各位の数の和が 3 の倍数
□ 5 の倍数は一の位が 0 か 5
□ 8 の倍数は下 3 桁が 8 の倍数

42講 約数の個数は，素因数分解したときの指数に1をたした数の積！
約数の個数と総和

▶ ここからつなげる　今回は，「正の約数の個数」と「正の約数の総和」の求め方について学習します。実際に正の約数をすべて求めて個数を求めたり，総和を求めるのは大変ですね。ここでは素因数分解を用いて計算する方法をマスターしましょう。

POINT 1　正の約数の個数は素因数分解したときの指数に1をたした数の積

　　例えば，18の正の約数の個数を求めてみましょう。

18を素因数分解すると，$18=2^1 \cdot 3^2$ であり，18の約数は

$2^a \cdot 3^b$ の形をしている。●

a は0か1の2通り，b は0か1か2の3通りであるから，

正の約数の個数は，

$$(1+1)(2+1)=2 \cdot 3 = 6（個）$$

$2^0 \diagdown 3^0$
$2^1 \diagdown 3^1$
$ \diagdown 3^2$

> 2^1 の1に1をたした数。

> 3^2 の2に1をたした数。

$2^0=1, 3^0=1$ とする

$1=2^0 \cdot 3^0,\ 6=2^1 \cdot 3^1$
$2=2^1 \cdot 3^0,\ 9=2^0 \cdot 3^2$
$3=2^0 \cdot 3^1,\ 18=2^1 \cdot 3^2$

　　一般に，$N=p^a \cdot q^b \cdot r^c$（$p, q, r$ は異なる素数，a, b, c は自然数）の正の約数の個数は，

$$(a+1)(b+1)(c+1)（個）$$

POINT 2　$p^a \times q^b$ の正の約数の総和は（p^a の正の約数の総和）×（q^b の正の約数の総和）

　　例えば，18の正の約数は 1, 2, 3, 6, 9, 18 であり，その総和は，

$$1+2+3+6+9+18$$
$$=2^0 \cdot 3^0 + \boxed{2^1 \cdot 3^0} + 2^0 \cdot 3^1 + \boxed{2^1 \cdot 3^1} + 2^0 \cdot 3^2 + \boxed{2^1 \cdot 3^2}$$
$$=\underline{2^0 \cdot (3^0+3^1+3^2)} + \boxed{2^1 \cdot (3^0+3^1+3^2)}$$
$$=(2^0+2^1)(3^0+3^1+3^2)$$
$$=(1+2)(1+3+9)=3 \cdot 13 = 39$$

> （2^1 の約数の総和）×（3^2 の約数の総和）

　　一般に，$N=p^a \cdot q^b \cdot r^c$（$p, q, r$ は異なる素数，a, b, c は自然数）の正の約数の総和は，

$$(p^0+p^1+\cdots+p^a)(q^0+q^1+\cdots+q^b)(r^0+r^1+\cdots+r^c)$$

例題

360の正の約数の個数と総和を求めよ。

- -

　　360を素因数分解すると，$360=\boxed{}^3 \cdot \boxed{}^{\boxed{\text{エ}}} \cdot \boxed{}^1$

　　正の約数の個数は，$(3+1)\left(\boxed{\text{エ}}+1\right)(1+1)=\boxed{\text{オ}}$（個）

　　正の約数の総和は，

$$\left(\boxed{}^0 + \boxed{}^1 + \boxed{}^2 + \boxed{}^3\right)\left(\boxed{}^0 + \boxed{}^1 + \boxed{}^{\boxed{\text{エ}}}\right)$$
$$\left(\boxed{}^0 + \boxed{}^1\right)$$

$$=\boxed{\text{カ}}$$

演習

1 次の数の正の約数の個数と正の約数の総和を求めよ。

(1) 324

(2) 540

 自然数Nがもつ素因数には2と5があり，それ以外の素因数はもたない。また，Nの正の約数はちょうど8個あるという。このような自然数Nを求めよ。

HINT $N=2^a \cdot 5^b$（a, bは正の整数）とおいて，正の約数がちょうど8個となるときにaとbの間に成り立つ関係式を考えてみよう。

✔ CHECK
42講で学んだこと

☐ 正の約数の個数は，素因数分解したときの指数に1をたした数の積。
☐ $p^a \times q^b$ の正の約数の総和は，（p^a の正の約数の総和）×（q^b の正の約数の総和）

43講 最大公約数の利用

長方形に正方形をすき間なく敷き詰めるには最大公約数を利用する！

> ▶ ここからつなげる　長方形のスペースにできるだけ大きな正方形のタイルを敷き詰めたいと思ったとき，その正方形の1辺の長さはどのように決めればよいでしょうか？実は「最大公約数」が活躍します。ここでは「最大公約数」の活用法を学びます。

POINT 1　長方形に敷き詰められる正方形の1辺の最大値は縦と横の最大公約数

例　縦12cm，横18cmの長方形にすき間なく敷き詰められる正方形の1辺の長さの最大値を求めよ。

「敷き詰められる」ということは，長方形の縦と横がともに正方形の1辺の長さでわり切れるということなので，1辺の長さが12と18の公約数であれば，右上図のように正方形を敷き詰めることができます。

その中でもできるだけ大きくしたいのだから，**1辺の長さを最大公約数にすればよい**ですね。12と18の最大公約数は6なので，正方形の1辺の最大値は6cmとなります。

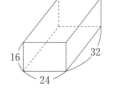

POINT 2　直方体に詰められる立方体の1辺の最大値は縦と横と高さの最大公約数

例　縦32cm，横24cm，高さ16cmの直方体にすき間なく詰められる立方体の1辺の長さの最大値を求めよ。

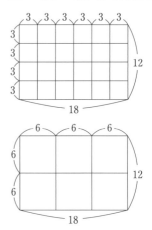

POINT 1 と同様に考えれば，32，24，16の**最大公約数が詰めることができる立方体の1辺の長さの最大値**ですね。

32，24，16の最大公約数は8なので，立方体の1辺の最大値は8cmとなります。

例題

　縦240cm，横504cmの長方形の床を，1辺の長さが整数値のできるだけ大きな正方形のタイルですき間なく敷き詰めるとき，タイルの1辺の長さを求めよ。

　最も大きいタイルの1辺の長さは，床の縦の長さと横の長さの最大公約数である。ここで，

$$240 = \boxed{ア}^4 \cdot \boxed{イ} \cdot \boxed{ウ} \quad (\boxed{イ} < \boxed{ウ}),$$

$$504 = \boxed{エ}^3 \cdot \boxed{オ}^2 \cdot \boxed{カ} \quad であるから，$$

240と504の最大公約数は，$\boxed{キ}^3 \cdot \boxed{ク} = \boxed{ケ}$

よって，求めるタイルの1辺の長さは，$\boxed{ケ}$ cm

> 1辺はわり切れる数じゃないと，すき間なく敷き詰めることはできない。

1 縦 392 cm, 横 588 cm の長方形の床を, 1 辺の長さが整数値のできるだけ大きな正方形のタイルですき間なく敷き詰めるとき, タイルの 1 辺の長さを求めよ。

2 縦 225 cm, 横 675 cm, 高さ 150 cm の直方体にすき間なく詰められる立方体の 1 辺の長さの最大値を求めよ。

CHALLENGE 縦 63 cm, 横 84 cm のタイルを, 同じ向きに並べて, ある正方形をうめつくす。このとき, うめつくすことができる正方形のうち, 最も小さい正方形の 1 辺の長さを求めよ。また, そのときに使われるタイルの枚数を求めよ。

＼ ｜ ／
HINT　うめつくすことができる正方形の 1 辺の長さは, 縦と横の長さの公倍数になる。

✔ CHECK
43講で学んだこと

☐ 長方形に敷き詰められる正方形の 1 辺の長さの最大値は最大公約数。
☐ 直方体にすき間なく詰められる立方体の 1 辺の長さの最大値は最大公約数。

44講　倍数の証明はわった余りで分類する！
倍数の証明

▶ここからつなげる　ここでは，文字で表された式が，例えば 3 の倍数になるかならないかを調べたいとき，どのようにすればよいかを学習します。使われている文字を 3 でわった余りで場合分けするところがポイントです。

m の倍数であることを示すには，m でわった余りで分類する

㋺　n は整数とする。n^2-2 は 3 の倍数でないことを示せ。

n^2-2 が 3 の倍数でないことを証明するので，
$$n=3k,\ n=3k+1,\ n=3k+2\ (k\text{ は整数})$$
と分類して考えます。

> 整数 n は，
> $n=3k$（…，$-6,\ -3,\ 0,\ 3,\ 6,\ …$）
> $n=3k+1$（…，$-5,\ -2,\ 1,\ 4,\ 7,\ …$）
> $n=3k+2$（…，$-4,\ -1,\ 2,\ 5,\ 8,\ …$）
> の 3 パターンに分類できる。

（ⅰ）　$n=3k$ のとき
$$n^2-2=(3k)^2-2=9k^2-2=3\cdot3k^2-2$$
（ⅱ）　$n=3k+1$ のとき
$$n^2-2=(3k+1)^2-2=9k^2+6k-1=3(3k^2+2k)-1$$
（ⅲ）　$n=3k+2$ のとき
$$n^2-2=(3k+2)^2-2=9k^2+12k+2=3(3k^2+4k)+2$$
いずれの場合も n^2-2 は 3 の倍数でない。

よって，n^2-2 は 3 の倍数でない。

今回のように，m の倍数でないことを示す，または m の倍数であることを示すには，

m でわった余りで分類

して考えることがポイントです！

例題

n が整数のとき，$n(n^2+2)$ は 3 の倍数であること示せ。

- -

k を整数とし，$P=n(n^2+2)$ とおく。

（ⅰ）　$n=3k$ のとき
$$P=3k\{(3k)^2+2\}=3k(9k^2+2)$$
より，P は 3 の倍数である。

（ⅱ）　$n=3k+1$ のとき
$$P=(3k+1)\{(3k+1)^2+2\}=3(3k+1)\left(\boxed{\ ^{ア}\ }k^2+\boxed{\ ^{イ}\ }k+\boxed{\ ^{ウ}\ }\right)$$
より，P は 3 の倍数である。

（ⅲ）　$n=3k+2$ のとき
$$P=(3k+2)\{(3k+2)^2+2\}=3(3k+2)\left(\boxed{\ ^{エ}\ }k^2+\boxed{\ ^{オ}\ }k+\boxed{\ ^{カ}\ }\right)$$
より，P は 3 の倍数である。

以上より，$P=n(n^2+2)$ は 3 の倍数である。

1 n は整数とする。n^2+n+1 は 5 の倍数ではないことを示せ。

CHALLENGE n が整数のとき，$2n^3+3n^2+n$ は 6 の倍数であることを，連続する 3 整数の積は 6 の倍数であることを利用して示せ。

$P=2n^3+3n^2+n$ とすると，
$P=n(2n^2+3n+1)$
$\quad=n(n+1)(2n+1)$
$\quad=n(n+1)\{(n-\boxed{})+(n+\boxed{})\}$
$\quad=(n-\boxed{})n(n+1)+n(n+1)(n+\boxed{})$

$(n-\boxed{})n(n+1),\ n(n+1)(n+\boxed{})$ はいずれも連続する 3 整数の積より，6 の
倍数である。
さらに，6 の倍数どうしの和は 6 の倍数より，P は 6 の倍数である。

✔ CHECK
44講で学んだこと

□ m の倍数である（m の倍数でない）ことを示すには，m でわった余りで分類する。

105

45講　余りの和・差・積を利用して余りを求める！
余りの性質

▶ここからつなげる　整数 a, 自然数 b に対して $a=bq+r$（q, r は整数で $0 \leqq r < b$）をみたす q を「商」, r を「余り」といいました。今回はこの「余りの性質」に着目し, 2つの整数の和・差・積を正の整数 n でわったときの余りについて学習します。

和・差・積を n でわった余りは, 余りの和・差・積を n でわった余り

2つの整数 a, b を正の整数 n でわった余りをそれぞれ r, r' とすると, 次のことが成り立ちます。

(ⅰ)　$a+b$ を n でわった余りは, $r+r'$ を n でわった余りに等しい。

(ⅱ)　$a-b$ を n でわった余りは, $r-r'$ を n でわった余りに等しい。

(ⅲ)　ab を n でわった余りは, rr' を n でわった余りに等しい。

(ⅰ)の証明を $n=5$ としてやってみましょう！

2つの整数 a, b を 5 でわった商をそれぞれ q, q', 余りをそれぞれ r, r' とおくと,

$a=5q+r$, $b=5q'+r'$ ●————————[（わられる数）＝（わる数）×（商）＋（余り）]

と表せます。このとき,

$a+b=(5q+r)+(5q'+r')=5(q+q')+r+r'$

となり, $5(q+q')$ は 5 でわり切れるので, $a+b$ を n でわった余りは, $r+r'$ を n でわった余りに等しいですね。

(ⅱ)や(ⅲ)についても同様に証明することができます。

(ⅲ)で $b=a$ としてくり返し用いると, さらに次のことが成り立ちます。

(ⅳ)　a^k を n でわった余りは, r^k を n でわった余りに等しい。

例題

a, b は整数とする。a を 5 でわると 4 余り, b を 5 でわると 3 余る。次の数を 5 でわったときの余りを求めよ。

(1)　$a-b$　　　(2)　$a+b$　　　(3)　ab　　　(4)　b^4

---

(1)　$a-b$ を 5 でわった余りは, $\boxed{}^{ア} - \boxed{}^{イ} = \boxed{}^{ウ}$ を 5 でわった余りと等しく,

　　$\boxed{}^{ウ}$

(2)　$a+b$ を 5 でわった余りは, $\boxed{}^{ア} + \boxed{}^{イ} = \boxed{}^{エ}$ を 5 でわった余りと等しく,

　　$\boxed{}^{エ}$ を 5 でわった余りは, $\boxed{}^{オ}$

(3)　ab を 5 でわった余りは, $\boxed{}^{ア} \cdot \boxed{}^{イ} = \boxed{}^{カ}$ を 5 でわった余りと等しく,

　　$\boxed{}^{カ}$ を 5 でわった余りは, $\boxed{}^{キ}$

(4)　b^4 を 5 でわった余りは, $\boxed{}^{ク}{}^4$ を 5 でわった余りと等しく,

　　$\boxed{}^{ク}{}^4$ を 5 でわった余りは, $\boxed{}^{ケ}$

1 a, b は整数とする。a を 7 でわると 2 余り，b を 7 でわると 5 余る。次の数を 7 でわったときの余りを求めよ。

(1) $a+b$　　　　　　(2) $a-b$　　　　　　(3) ab

CHALLENGE a, b は整数とする。a を 5 でわると 4 余り，b を 5 でわると 3 余る。次の数を 5 でわったときの余りを求めよ。

(1) $2a+3b$　　　　　　　　　　(2) a^{100}

HINT　(1)　$a=5q+r$ のとき，$2a$ を 5 でわった余りは，$2r$ を 5 でわった余りと等しい。
　　　(2)　前ページの(iv)を使おう。また，$4^{100}=(4^2)^{50}$ である。

✔ CHECK
45講で学んだこと

□ 2つの整数 a, b を正の整数 n でわった余りをそれぞれ r, r' とすると，
・$a+b$ を n でわった余りは，$r+r'$ を n でわった余りに等しい。
・$a-b$ を n でわった余りは，$r-r'$ を n でわった余りに等しい。
・ab を n でわった余りは，rr' を n でわった余りに等しい。
・a^k を n でわった余りは，r^k を n でわった余りに等しい。

46講　合同式について学ぼう！
合同式

▶ここからつなげる　今回は「合同式」について学習します。合同式を使うと整数を正の整数でわった余りを表現しやすくなり，問題を解くのにとても便利です。最初は少し難しいですが，ここでマスターして使いこなせるようになりましょう。

POINT $a \equiv b \pmod{m}$ は a と b を m でわった余りが等しいことを表す

2つの整数 a, b について $a-b$ が m の倍数であることを，
「**a と b は m を法として合同である**」といい，「**$a \equiv b \pmod{m}$**」と表します。

a と b を m でわった余りをそれぞれ r, r' とおくと，
k, l を整数として，$a = mk+r$, $b = ml+r'$ と表せる。このとき，
$$a-b = (mk+r)-(ml+r') = m(k-l)+(r-r')$$
これが m の倍数となる条件は $r = r'$ であるから，
$a \equiv b \pmod{m}$ は「**a と b は m でわった余りが等しい**」
と同じことになります。

> 例えば，
> $-13 = 17 \times (-1)+4$
> より，
> $-13 \equiv 4 \pmod{17}$

公式　（合同式の性質）

a, b, c, d を整数，m, n は自然数とし，以下 $\mathrm{mod}\, m$ とする。

$a \equiv b$, $c \equiv d$ のとき，次が成り立つ。

(1)　$a+c \equiv b+d$ 　　　(2)　$a-c \equiv b-d$

(3)　$ac \equiv bd$ 　　　(4)　$a^n \equiv b^n$

例　a, b は整数とする。a を5でわると4余り，b を5でわると3余る。次の数を5でわったときの余りを求めよ。

(1)　$a-b$ 　　　(2)　$2a+6b$ 　　　(3)　ab

$\mathrm{mod}\, 5$ とする。$a \equiv 4$, $b \equiv 3$ であるから，

(1)　$a-b \equiv 4-3 = 1$ 　　　(2)　$2a+6b \equiv 2 \cdot 4+6 \cdot 3 = 26 \equiv 1$

> 26を5でわった余りは1

(3)　$ab \equiv 4 \cdot 3 = 12 \equiv 2$

> 12を5でわった余りは2

 例題

(1)　17^{200} を4でわった余りを求めよ。
(2)　7^{100} の一の位を求めよ。

- -

(1)　$17 \equiv \boxed{}^{ア} \pmod{4}$ より，$17^{200} \equiv \boxed{}^{ア\,200} = \boxed{}^{イ} \pmod{4}$

よって，求める余りは $\boxed{}^{イ}$

(2)　$7^4 = 2401 \equiv \boxed{}^{ウ} \pmod{10}$

$7^{100} = (7^4)^{25} \equiv \boxed{}^{ウ\,25} = \boxed{}^{エ} \pmod{10}$

> 一の位は10でわった余り。

よって，7^{100} の一の位は $\boxed{}^{エ}$

演習

1 a, b は整数とする。a を 7 でわると 4 余り，b を 7 でわると 5 余る。次の数を 7 でわったときの余りを合同式を用いて求めよ。

(1) $a+b$　　　　(2) $3a+2b$　　　　(3) ab

2 合同式を用いて，次のものを求めよ。

(1) 41^{50} を 5 でわった余り　　　　(2) 23^{100} の一の位

CHALLENGE n を 13 でわった余りが 11 であるとき，$2n^2+7n+4$ を 13 でわった余りを求めよ。

\ | /
HINT $11=13×1-2$ より，$11≡-2\pmod{13}$

 ✔ **CHECK**
46講で学んだこと

☐ 2つの整数 a, b について $a-b$ が m の倍数であることを，「a と b は m を法として合同である」といい，「$a≡b\pmod{m}$」と表す。

☐ $a≡b\pmod{m}$ は「a と b は m でわった余りが等しい」と同じことである。

☐ a, b, c, d を整数，m, n は自然数とし，以下 $\bmod m$ とする。$a≡b, c≡d$ のとき，$a+c≡b+d, a-c≡b-d, ac≡bd, a^n≡b^n$ が成り立つ。

47講 ユークリッドの互除法（ごじょほう）を逆にたどる！
1次不定方程式の整数解の1つ

▶ ここからつなげる　今回は1次不定方程式 $ax+by=1$（a, bは整数で，aとbは互いに素）の整数解の1つ（特殊解）がパッと求めにくいときにどのようにして求めるかを学習します。2つ紹介しますので，2つともマスターしましょう！

$ax+by=1$ の特殊解は互除法の逆または係数の絶対値を小さくする

　　互いに素な2つの自然数 a, b の最大公約数は1ですね。ということは，aとbでユークリッドの互除法を使っていくと，最後は余りが1になります。逆をたどっていけば必ず $ax+by=1$ をみたす整数 x, y が求まります。

考えてみよう

　方程式 $163x+30y=1$ …① の整数解を1つ求めよ。

　　1を163と30で表すことができれば解がわかる。

$$163=30\cdot5+13 \quad (13=163-30\cdot5 \quad \cdots(\text{ア}))$$

→ 13を163と30で表した。

$$30=13\cdot2+4 \quad (4=30-13\cdot2 \quad \cdots(\text{イ}))$$

→ 4を30と13で表した。

$$13=4\cdot3+1 \quad (1=13-4\cdot3 \quad \cdots(\text{ウ}))$$

→ 1を13と4で表した。

　よって，

$$1=13-4\cdot3 \qquad \leftarrow(\text{ウ})$$

→ 1を13と4で表す。

$$=13-(30-13\cdot2)\cdot3 \qquad \leftarrow(\text{イ})$$

→ 4を30と13で表す。

$$=13-30\cdot3+13\cdot6$$
$$=13(1+6)-30\cdot3$$
$$=13\cdot7-30\cdot3$$

→ 1を13と30で表せた。

$$=(163-30\cdot5)\cdot7-30\cdot3 \qquad \leftarrow(\text{ア})$$

→ 13を163と30で表す。

$$=163\cdot7-30\cdot35-30\cdot3$$
$$=163\cdot7-30(35+3)$$
$$=163\cdot7-30\cdot38$$

→ 1を163と30で表せた。

　したがって，$163\cdot7+30\cdot(-38)=1$

より，①の整数解の1つは，$(x, y)=(7, -38)$

（別解）

　$163=30\cdot5+13$ より，①は，

$$(30\cdot5+13)x+30y=1$$
$$13x+30(5x+y)=1 \quad \cdots②$$

→ $13\cdot\square+30\cdot\bigcirc=1$
（13は163を30でわった余り）
の形に直す！

　$30=13\cdot2+4$ より，②は，

$$13x+(13\cdot2+4)(5x+y)=1$$
$$13(11x+2y)+4(5x+y)=1$$

→ $13\cdot\square+4\cdot\bigcirc=1$
（4は30を13でわった余り）
の形に直す！

　$11x+2y=m$, $5x+y=n$ とおくと，

$$13m+4n=1 \quad \cdots③$$

　$m=1$, $n=-3$ は③をみたす。このとき，

$$11x+2y=1, \ 5x+y=-3$$

　これを解いて，$(x, y)=(7, -38)$

→ このように係数の絶対値を小さくしていけば求めやすくなる。

演習 の解答 ➡別冊 P.48

1 方程式 $177x+52y=1\cdots$① の整数解を 1 つ求めよ。

（解1）

$$177=52\cdot3+\boxed{ア}\qquad\left(\boxed{ア}=177-52\cdot3\right)$$

$$52=\boxed{イ}\cdot2+\boxed{ウ}\qquad\left(\boxed{ウ}=52-\boxed{イ}\cdot2\right)$$

$$\boxed{イ}=\boxed{ウ}\cdot2+1\qquad\left(1=\boxed{イ}-\boxed{ウ}\cdot2\right)$$

よって，

$$1=\boxed{イ}-\boxed{ウ}\cdot2$$
$$=21-\left(52-\boxed{イ}\cdot2\right)\cdot2$$
$$=21\cdot\boxed{エ}-52\cdot2$$
$$=(177-52\cdot3)\cdot\boxed{エ}-52\cdot2$$
$$=177\cdot\boxed{エ}-52\cdot\boxed{オ}$$

したがって，

$$177\cdot\boxed{エ}+52\cdot\left(-\boxed{オ}\right)=1$$

より，①の整数解の 1 つは，

$$(x,\,y)=\left(\boxed{エ},\,-\boxed{オ}\right)$$

（解2）

$$177=52\cdot3+\boxed{ア}\ \text{より，①は，}$$

$$\left(52\cdot3+\boxed{ア}\right)x+52y=1$$

$$\boxed{ア}x+52(3x+y)=1\quad\cdots②$$

$$52=\boxed{ア}\cdot2+\boxed{カ}\ \text{より，②は，}$$

$$\boxed{ア}x+\left(\boxed{ア}\cdot2+\boxed{カ}\right)(3x+y)=1$$

$$\boxed{ア}\left(\boxed{キ}x+2y\right)+\boxed{カ}(3x+y)=1$$

$$\boxed{キ}x+2y=m,\ 3x+y=n\ \text{とおくと，}$$

$$\boxed{ア}m+\boxed{カ}n=1\quad\cdots③$$

$m=1,\ n=\boxed{ク}$ は③をみたす。このとき，

$$\boxed{キ}x+2y=1,\ 3x+y=\boxed{ク}$$

これを解いて，

$$(x,\,y)=\left(\boxed{エ},\,-\boxed{オ}\right)$$

✔CHECK
47講で学んだこと

□ ユークリッドの互除法を逆にたどることで，$ax+by=1$ をみたす整数 $(x,\,y)$ を求める。
□ 係数の絶対値を小さくしていくことで，求めやすい方程式に直す。

48講

特殊解がみつかりにくいときはユークリッドの互除法を利用！

1次不定方程式

▶ここからつなげる　今回は1次不定方程式 $ax+by=c$（a, b, cは整数で，aとbは互いに素）の解法を学習します。方程式の特殊解がみつかりにくい場合は，ユークリッドの互除法を用いて求めることができます。その方法をマスターしていきましょう。

$ax+by=1$ の特殊解がみつけにくいときはユークリッドの互除法

$ax+by=1$ の整数解を1つ求めることができれば，解を代入した式の両辺を c 倍することで $ax+by=c$（c は整数）をみたす整数 x, y を求めることができます。

例　方程式 $43x+30y=4$ …①の整数解をすべて求めよ。

$43=30\cdot1+13$　$(13=43-30\cdot1)$　　　$30=13\cdot2+4$　$(4=30-13\cdot2)$
$13=4\cdot3+1$　$(1=13-4\cdot3)$

よって，
$1=13-4\cdot3=13-(30-13\cdot2)\cdot3=13\cdot7-30\cdot3=(43-30\cdot1)\cdot7-30\cdot3$
$\quad=43\cdot7-30\cdot10$

よって，$43\cdot7+30\cdot(-10)=1$
$\qquad 43\cdot28+30\cdot(-40)=4$　…②　　　4倍

①－②より，
$43(x-28)+30(y+40)=0$
$43(x-28)=-30(y+40)$

$$\begin{array}{r}43x\ +30y\quad=4\\ -)\ \ 43\cdot28+30\cdot(-4)=4\\ \hline 43(x-28)+30(y+4)=0\end{array}$$

43と30は互いに素より，k を整数として，
$x-28=30k$, $y+40=-43k$

$x-28=30k$ を代入して，
$43\cdot30k=-30(y+40)$
$43k=-(y+40)$
$y+40=-43k$

よって，$(x, y)=(30k+28, -43k-40)$（k は整数）

例題

方程式 $24x+19y=7$ …①の整数解をすべて求めよ。

$24=19\cdot1+5$　$(5=24-19\cdot1)$　　　$19=5\cdot3+4$　$(4=19-5\cdot3)$
$5=4\cdot1+1$　$(1=5-4\cdot1)$

これらを用いると，$24\cdot\boxed{}^{ア}+19\left(-\boxed{}^{イ}\right)=1$　…②

②×7 より，$24\cdot\boxed{}^{ウ}+19\left(-\boxed{}^{エ}\right)=7$　…③

①－③より，$24\left(x-\boxed{}^{ウ}\right)+19\left(y+\boxed{}^{エ}\right)=0$

$\qquad 24\left(x-\boxed{}^{ウ}\right)=-19\left(y+\boxed{}^{エ}\right)$

24と19は互いに素であるから，$x-\boxed{}^{ウ}=\boxed{}^{オ}k$, $y+\boxed{}^{エ}=-\boxed{}^{カ}k$

よって，$(x, y)=\left(\boxed{}^{オ}k+\boxed{}^{ウ}, -\boxed{}^{カ}k-\boxed{}^{エ}\right)$（$k$ は整数）

　例題の解答　ア 4　イ 5　ウ 28　エ 35　オ 19　カ 24

1 方程式 $67x+40y=5\cdots$①の整数解をすべて求めよ。

CHALLENGE 1個の重さが $18\,\mathrm{g}$ のチョコレートと $13\,\mathrm{g}$ のクッキーがある。これらを詰め合わせて合計でちょうど $300\,\mathrm{g}$ にしたい。それぞれ何個ずつ詰め合わせればよいか。

╲╎╱
HINT　チョコレートを x 個，クッキーを y 個として式を立て，$x\geqq0$, $y\geqq0$ となるときを考えよう。

 ✔CHECK
48講で学んだこと

□ $ax+by=c$ の特殊解は，$ax+by=1$ の特殊解を代入した式を c 倍することで求めることができる。

49講

大小関係が与えられたら，大小関係を利用して整数解を求める！

大小関係が与えられた方程式

▶ **ここからつなげる** 今回は文字に大小関係が与えられた場合の方程式の整数解を求める練習をします。大小関係を用いると，未知数が3個以上の不定方程式などで，文字の範囲を絞って効率よく整数解を求めることができます。

POINT 大小関係が与えられたときは，大小関係を利用して絞り込む！

$a \leqq b \leqq c$ のとき，文字の範囲の絞り方は主に，

① 　(小)(中)(大)(大)(大)(大)
$a + b + c \leqq c + c + c = 3c$ 　（一番大きい文字に合わせる）

② 　(小)(小)(小)(小)(中)(大)
$3a = a + a + a \leqq a + b + c$ 　（一番小さい文字に合わせる）

を利用する方法があります。

考えてみよう

$abc = a + b + c \cdots ①$ （$a \leqq b \leqq c$）をみたす自然数 a, b, c の組をすべて求めよ。

$$abc = a + b + c \leqq c + c + c$$

> 一番大きい文字に合わせる。
> $a \leqq b \leqq c$ より $a \leqq c$ かつ $b \leqq c$

つまり，

$$abc \leqq 3c$$

c は自然数であるから両辺を c でわると，

$$ab \leqq 3$$

> 正の数で割るので不等号の向きは変わらない。

ab は自然数であるから，

$$ab = 1, 2, 3$$

> ab は自然数より1以上3以下。

(i) $ab = 1$ のとき，$(a, b) = (1, 1)$
　　このとき，①は $1 \cdot 1 \cdot c = 1 + 1 + c$ となり，これをみたす c は存在しない。

(ii) $ab = 2$ のとき，$a \leqq b$ より $(a, b) = (1, 2)$
　　このとき，①は $1 \cdot 2 \cdot c = 1 + 2 + c$ となり，$c = 3$

(iii) $ab = 3$ のとき，$a \leqq b$ より $(a, b) = (1, 3)$
　　このとき，①は $1 \cdot 3 \cdot c = 1 + 3 + c$ となり，$c = 2$
　　これは $a \leqq b \leqq c$ をみたさず，不適。

　以上より，求める自然数 a, b, c の組は

$$(a, b, c) = (1, 2, 3)$$

注意 一番小さい文字に合わせると，

$$abc = a + b + c \geqq a + a + a = 3a$$

より，$abc \geqq 3a$

　a は自然数であるから両辺を a でわって

$$bc \geqq 3$$

となり，不等式自体は正しいが，この不等式から絞り込むことはできない。

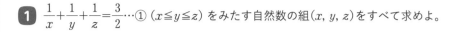

1 $\dfrac{1}{x}+\dfrac{1}{y}+\dfrac{1}{z}=\dfrac{3}{2}$…① $(x\leqq y\leqq z)$ をみたす自然数の組 $(x,\ y,\ z)$ をすべて求めよ。

$1\leqq x\leqq y\leqq z$…② より, $\dfrac{1}{\boxed{\text{ア}}}\leqq\dfrac{1}{\boxed{\text{イ}}}\leqq\dfrac{1}{\boxed{\text{ウ}}}\leqq 1$ …③

①と③から,

$$\dfrac{3}{2}=\dfrac{1}{x}+\dfrac{1}{y}+\dfrac{1}{z}\leqq\dfrac{1}{\boxed{\text{ウ}}}+\dfrac{1}{\boxed{\text{ウ}}}+\dfrac{1}{\boxed{\text{ウ}}}=\dfrac{3}{\boxed{\text{ウ}}}$$

これより $\dfrac{3}{2}\leqq\dfrac{3}{\boxed{\text{ウ}}}$, すなわち, $x\leqq\boxed{\text{エ}}$ であるから,

$$x=\boxed{\text{オ}} \ \text{または} \ \boxed{\text{カ}}\ \left(\boxed{\text{オ}}<\boxed{\text{カ}}\right)$$

(i) $x=\boxed{\text{オ}}$ のとき, ①から,

$$\dfrac{1}{y}+\dfrac{1}{z}=\dfrac{1}{\boxed{\text{キ}}} \ \ \cdots④$$

③と④から,

$$\dfrac{1}{\boxed{\text{キ}}}=\dfrac{1}{y}+\dfrac{1}{z}\leqq\dfrac{1}{\boxed{\text{ク}}}+\dfrac{1}{\boxed{\text{ク}}}=\dfrac{2}{\boxed{\text{ク}}}$$

これより, $\dfrac{1}{\boxed{\text{キ}}}\leqq\dfrac{2}{\boxed{\text{ク}}}$

すなわち, $y\leqq\boxed{\text{ケ}}$

②より $y\geqq 1$ であり, $y\leqq 2$ は④から不適であることに注意すると, ④から,

$$(y,\ z)=\left(\boxed{\text{コ}},\ \boxed{\text{サ}}\right),\ \left(\boxed{\text{シ}},\ \boxed{\text{ス}}\right)$$

(ii) $x=\boxed{\text{カ}}$ のとき, ①から,

$$\dfrac{1}{y}+\dfrac{1}{z}=\boxed{\text{セ}} \ \ \cdots⑤$$

③と⑤から,

$$\boxed{\text{セ}}=\dfrac{1}{y}+\dfrac{1}{z}\leqq\dfrac{1}{\boxed{\text{ソ}}}+\dfrac{1}{\boxed{\text{ソ}}}=\dfrac{2}{\boxed{\text{ソ}}}$$

これより, $1\leqq\dfrac{2}{\boxed{\text{タ}}}$

すなわち, $\boxed{\text{タ}}\leqq 2$

②より $2\leqq y$ であるから, $y=\boxed{\text{チ}}$

このとき, ⑤より $z=\boxed{\text{ツ}}$

以上より, 求める $(x,\ y,\ z)$ の組は,

$$(x,\ y,\ z)=\left(\boxed{\text{オ}},\ \boxed{\text{コ}},\ \boxed{\text{サ}}\right),\ \left(\boxed{\text{オ}},\ \boxed{\text{シ}},\ \boxed{\text{ス}}\right),$$
$$\left(\boxed{\text{カ}},\ \boxed{\text{チ}},\ \boxed{\text{ツ}}\right)$$

✔ CHECK
49講で学んだこと

□ $a\leqq b\leqq c$ のとき, $a+b+c\leqq c+c+c=3c$ (一番大きい文字に合わせる)
□ $a\leqq b\leqq c$ のとき, $3a=a+a+a\leqq a+b+c$ (一番小さい文字に合わせる)

50講 （整数）×（整数）＝（整数）の形にして絞り込む！
2次の不定方程式

▶ ここからつなげる　今回は2次不定方程式の整数解の求め方について学習をします。2次の不定方程式は「積の形にする」ことが基本ですが，うまく積の形に直せないときは，実数条件に着目し，「範囲を絞り込む」という手法を使います。

POINT 1　（整数）×（整数）＝（整数）の形にして絞り込む

考えてみよう

方程式 $x^2+5xy+4y^2=4$ をみたす整数 x, y をすべて求めよ。

$$(x+4y)(x+y)=4$$

x, y は整数より，$x+4y$, $x+y$ も整数であるから，

	$x+4y$	-4	-2	-1	1	2	4	…①
	$x+y$	-1	-2	-4	4	2	1	…②
(①−②)÷3	y	-1	0	1	-1	0	1	…③
②−③	x	0	-2	-5	5	2	0	

例えば，
$$\begin{array}{r} x+4y=-4 \quad\cdots① \\ -)\ \underline{x+\ y=-1} \quad\cdots② \\ 3y=-3 \\ y=-1 \end{array}$$

よって，
$$(x, y)=(0, -1), (-2, 0), (-5, 1), (5, -1), (2, 0), (0, 1)$$

POINT 2　積の形に直せないときは，実数条件に着目する！

考えてみよう

方程式 $x^2+4xy+5y^2=8$ をみたす整数 x, y をすべて求めよ。

これは先ほどのようには因数分解できない。そのようなときは，
$$x^2+4yx+5y^2-8=0 \quad\cdots(*)$$

> x についての2次方程式とみる。

として，**x が整数ならばxは実数でもある**ことに着目する。

x は実数より，$(*)$ は実数解をもつので，
$$(判別式)=(4y)^2-4\cdot1\cdot(5y^2-8)\geqq0$$
$$y^2\leqq8$$

y は整数より，$y=0, \pm1, \pm2$

(i) $y=0$ のとき，$(*)$ は，$x^2-8=0$ であり，x は整数より，不適。

(ii) $y=\pm1$ のとき，$(*)$ は，$x^2\pm4x-3=0$（複号同順）であり，x は整数より，不適。

(iii) $y=\pm2$ のとき，$(*)$ は，$x^2\pm8x+12=0$（複号同順）

　　　　$y=2$ のとき，$(*)$ は $x^2+8x+12=0$, すなわち，$(x+2)(x+6)=0$ であり，$x=-2, -6$

　　　　$y=-2$ のとき，$(*)$ は $x^2-8x+12=0$, すなわち，$(x-2)(x-6)=0$ であり，$x=2, 6$

以上より，
$$(x, y)=(-2, 2), (-6, 2), (2, -2), (6, -2)$$

1 方程式 $x^2+2xy-8y^2=-8$ をみたす整数 x, y をすべて求めよ。

$$\left(x+\boxed{\text{ア}}\right)\left(x-\boxed{\text{イ}}\right)=-8$$

x, y は整数より，$x+\boxed{\text{ア}}$，$x-\boxed{\text{イ}}$ も整数であるから，

	$x+\boxed{\text{ア}}$	-8	-4	-2	-1	1	2	4	8	$\cdots$①
	$x-\boxed{\text{イ}}$	1	2	4	8	-8	-4	-2	-1	$\cdots$②
$(①+②×2)÷3$	x	-2	$\boxed{\text{ウ}}$	$\boxed{\text{オ}}$	5	-5	$\boxed{\text{キ}}$	$\boxed{\text{ケ}}$	2	$\cdots$③
$(②-③)÷(-2)$	y	$-\dfrac{3}{2}$	$\boxed{\text{エ}}$	$\boxed{\text{カ}}$	$-\dfrac{3}{2}$	$\dfrac{3}{2}$	$\boxed{\text{ク}}$	$\boxed{\text{コ}}$	$\dfrac{3}{2}$	

x, y は整数であるから，

$$(x, y)=\left(\boxed{\text{ウ}}, \boxed{\text{エ}}\right),\ \left(\boxed{\text{オ}}, \boxed{\text{カ}}\right),\ \left(\boxed{\text{キ}}, \boxed{\text{ク}}\right),$$
$$\left(\boxed{\text{ケ}}, \boxed{\text{コ}}\right)$$

2 方程式 $x^2-2xy+3y^2=27$ をみたす整数 x, y をすべて求めよ。

x についての 2 次方程式 $x^2-2yx+3y^2-27=0\cdots(*)$ について，

$(判別式)=(-2y)^2-4\cdot1\cdot(3y^2-27)\boxed{\text{ア}}\,0$

$2y^2\leqq\boxed{\text{イ}}$

y は整数より，$y=0, \pm1, \pm2, \pm3$

(i) $y=0$ のとき，$(*)$ は，$x^2-27=0$ であり，x は整数より，不適。

(ii) $y=\pm1$ のとき，$(*)$ は，$x^2\mp\boxed{\text{ウ}}\,x-\boxed{\text{エ}}=0$（複号同順）であり，

$y=1$ のとき，$\left(x+\boxed{\text{オ}}\right)\left(x-\boxed{\text{カ}}\right)=0$ より，$x=-\boxed{\text{オ}}, \boxed{\text{カ}}$

$y=-1$ のとき，$\left(x-\boxed{\text{オ}}\right)\left(x+\boxed{\text{カ}}\right)=0$ より，$x=\boxed{\text{オ}}, -\boxed{\text{カ}}$

(iii) $y=\pm2$ のとき，$(*)$ は，$x^2\mp\boxed{\text{キ}}\,x-\boxed{\text{ク}}=0$（複号同順）であり，

x は整数より，不適。

(iv) $y=\pm3$ のとき，$(*)$ は，$x^2\mp\boxed{\text{ケ}}\,x=0$（複号同順）

$y=3$ のとき，$x\left(x-\boxed{\text{ケ}}\right)=0$ より，$x=0, \boxed{\text{ケ}}$

$y=-3$ のとき，$x\left(x+\boxed{\text{ケ}}\right)=0$ より，$x=0, -\boxed{\text{ケ}}$

以上より，

$$(x, y)=\left(-\boxed{\text{オ}}, 1\right), \left(\boxed{\text{カ}}, 1\right), \left(\boxed{\text{オ}}, -1\right), \left(-\boxed{\text{カ}}, -1\right), (0, 3),$$
$$\left(\boxed{\text{ケ}}, 3\right), (0, -3), \left(-\boxed{\text{ケ}}, -3\right)$$

✔ CHECK
50講で学んだこと

□ （整数）×（整数）＝（整数）の形にする。
□ 実数条件に着目する！

51講 5人集まれば同じ血液型の人が存在する！
鳩(はと)の巣(す)の原理

▶ ここからつなげる　今回は「鳩の巣の原理」について学習します。血液型はA型，B型，O型，AB型の4種類ですから，5人集まれば血液型が同じ人は存在する，といえますね。当たり前だと思う人もいるかもしれませんが，数学ではこれが結構活躍します！

 $n+1$個以上をn組に分けるとき，2個以上入る組が存在する

例えば，5羽の鳩を4つの巣に分けるとき，次のように2羽以上入っている巣が少なくとも1つ存在します。

このように，

（分けるものの数）＞（分けた先の数）
　　鳩　　　　　　　　巣

のときは，分けるものが2つ以上入る組が存在します。

> **公式**　鳩の巣の原理
>
> $n+1$羽以上の鳩とn個の巣があるとき，すべての鳩が巣に入っているならば，
>
> 2羽以上の鳩が入っている巣が少なくとも1つ存在する。

例1　ある大学には47都道府県から学生が集まっている。「少なくとも1つの都道府県の出身者が3名以上である」と確実にいえるためには学生数の合計が何名以上でなければならないか。

47×2＝94 より，94名以下では，3名以上の出身者をもつ都道府県が必ずあるとはいえませんが，95名以上いれば，鳩の巣の原理により，3名以上いる都道府県が少なくとも1つ存在します。よって，条件をみたす学生の合計は，95名以上

例2　相異なる6個の自然数がある。このとき，差が5でわり切れるような2数の組が存在することを示せ。

自然数を5でわった余りは，0，1，2，3，4の5通りのいずれかですね。余りが0を第0グループ，余りが1を第1グループ，…のようにすると，鳩の巣の原理により，少なくとも1つのグループに2個以上の自然数が存在します。同じグループにいる2数の差は5でわり切れるので，差が5でわり切れるような2数の組が存在します。

 参考

数	12	14	23	26	30	33
5でわった余り	2	4	3	1	0	3

余りは5通りで，数は6個あるので，余りが等しい2数がある。

$$33-23=(5\times6+3)-(5\times4+3)$$
$$=5\times(6-4)$$

より，5でわった余りが等しい2数は，差が5でわり切れる。

1 パーティーを開いたとき「血液型が同じ人が5名以上いる」と確実にいえるためには出席者が何名以上でなければならないか。

血液型の種類は, A, B, O, AB の ［ア］種類であり, ［ア］×［イ］＝［ウ］より, ［ウ］名以下では血液型が同じ人が5名以上必ずいるとはいえない。

よって, ［エ］名以上いれば, 鳩の巣の原理により, 血液型が同じ人が5名以上いる(血液型が少なくとも1つ存在する)といえるので, 条件をみたすのは

［エ］名以上

2 1辺が2の正方形の周または内部に異なる5点をとるとき, 距離が$\sqrt{2}$以下となるような2点の組合せが存在することを示せ。

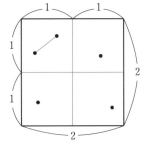

1辺が2の正方形を右の図のように,

1辺が［ア］の［イ］個の正方形

に分割する。

鳩の巣の原理により, 5点の中に同じ1辺が1の正方形の中にある2点が存在する。1辺が1の正方形の周または内部にある2点の最大距離は, 対角線の［ウ］であるから, 5点の中に距離が$\sqrt{2}$以下となるような2点の組合せが存在する。

CHALLENGE xy平面において, x座標, y座標が共に整数である点(x, y)を格子点という。いま, 互いに異なる5つの格子点を選ぶ。このとき, 2つの格子点を結ぶ線分の中点がまた格子点となる組合せが必ず存在することを示せ。

HINT (x_1, y_1)と(x_2, y_2)の中点は$\left(\dfrac{x_1+x_2}{2}, \dfrac{y_1+y_2}{2}\right)$と表され, $\dfrac{(偶数)+(偶数)}{2}$, $\dfrac{(奇数)+(奇数)}{2}$はどちらも整数になることに着目しよう。

 **CHECK** 51講で学んだこと

☐ 鳩の巣の原理…$n+1$羽の鳩とn個の巣があるとき, すべての鳩が巣に入っているならば, 2羽以上の鳩が入っている巣が少なくとも1つ存在する。

52講

縦, 横, 斜めのそれぞれの和は, すべてをたした数に着目!

3×3 の魔方陣

▶ここからつなげる　正方形状のマス目に異なった整数を入れて, 各行や各列, 斜めの和が一定であるようにするパズルを「魔方陣」といいます。今回は 3×3 (3 行 3 列)の魔方陣について, 性質などを学習していきましょう。

3×3 の魔方陣の縦, 横, 斜めの和はすべてをたして 3 でわった数

右図のようにマス目に入る数を a, b, …, i とし, a〜i には 1〜9 の異なる自然数が入るとします。

a	b	c
d	e	f
g	h	i

手順1　縦, 横, 斜めのそれぞれの和 S を求める。

$(a+b+c)+(d+e+f)+(g+h+i)$
$=1+2+3+4+5+6+7+8+9$
$a+b+c=d+e+f=g+h+i=S$ より,

$3S=45$ ● ──── 45 はすべてをたした数。

$S=45÷3=15$

$a+b+c, d+e+f, g+h+i$ (横の和)
$a+d+g, b+e+h, e+f+i$ (縦の和)
$a+e+i, c+e+g$ (斜めの和)
すべて S

よって, 3×3 の魔方陣であれば,

縦, 横, 斜めのそれぞれの和はすべてをたして 3 でわった数(今回であれば 15)

となります。

手順2　中央の数 e を求める。

$\underset{\text{真ん中縦の和}}{(b+e+h)}+\underset{\text{真ん中横の和}}{(d+e+f)}+\underset{\text{右斜めの和}}{(a+e+i)}+\underset{\text{左斜めの和}}{(c+e+g)}=15×4$

a	b	c
d	e	f
g	h	i

であるから,

$(a+b+c+d+e+f+g+h+i)+3e=60$
$45+3e=60$

これを解くと, **中央の値 e は 5**。

例題

右の図の魔方陣には 1〜9 までの自然数が入る。a, b, c, f, h, i に当てはまる自然数を求めよ。

a	b	c
1	5	f
8	h	i

$a+1+8=\boxed{ア}$ より, $a=\boxed{イ}$

$1+5+f=\boxed{ア}$ より, $f=\boxed{ウ}$

$\boxed{イ}+5+i=\boxed{ア}$ より, $i=\boxed{エ}$

$c+\boxed{ウ}+\boxed{エ}=\boxed{ア}$ より, $c=\boxed{オ}$

$\boxed{イ}+b+\boxed{オ}=\boxed{ア}$ より, $b=\boxed{カ}$

$\boxed{カ}+5+h=\boxed{ア}$ より, $h=\boxed{キ}$

演習 の解答 ➡ 別冊 P.53

1 右の図の魔方陣には, 1~9 までの自然数が入る。a, c, d, e, f, g, h に当てはまる自然数を求めよ。

a	1	c
d	e	f
g	h	2

CHALLENGE 次の問いに答えよ。

(1) 1~9 の数で異なる 3 個の数の和が 15 になるもので, 1 を含む組をすべて求めよ。

(2) 1~9 の異なる自然数が入る 3×3 の魔方陣において, 1 は 4 つの隅(右の図の a, c, g, i)には入らないことを説明せよ。

a	b	c
d	e	f
g	h	i

1~9 の数で異なる 3 個の数の和が 15 になるもので, 1 を含む組は $\boxed{}^{ア}$ 組ある。

$a=1$ であるとき, 1 を含む 3 つの数の和が 15 となる組は

$$\{a, \boxed{}^{イ}, c\}, \{a, e, \boxed{}^{ウ}\}, \{a, d, \boxed{}^{エ}\}$$

の $\boxed{}^{オ}$ 組必要となるので, $a=1$ とすることはできない。

同様に $c=1, g=1, i=1$ とすることはできない。

以上より, 1 は 4 つの隅には入らない。

> $\searrow \downarrow \swarrow$
> HINT (1) 1 以外の異なる 2 数の和は 15-1=14 となるね。1 以外でたして 14 になる 2 数を探そう。

✓ CHECK
52講で学んだこと

☐ 3×3 の魔方陣の縦, 横, 斜めのそれぞれの和はすべてたして 3 でわった数。
☐ 3×3 の魔方陣に 1~9 までの自然数を入れるとき, 中央の数は「5」。

53講 仮定をしてみたり, 場合分けしてみたりして考えてみよう!

論理

▶ここからつなげる 今回は数学の「論理」について学習します。仮定をしてみて矛盾が生じるかどうかを考えてみたり, 場合を分けて考えてみたりします。これからの人生に役立つ「思考力」を磨く問題にチャレンジしましょう!

仮定をしたり, 場合を分けたりして考える

物事を順序立てて論理的に考えていくことを学習します。

> **考えてみよう**
>
> 　A, B, Cの3人のうち, いつも真実を述べる正直者は1人だけで, 他の2人は嘘つき(いつも嘘をつく)である。
>
> 　　　　　Aの発言:「Bは嘘つきです」
> 　　　　　Bの発言:「私は正直者です」
> 　　　　　Cの発言:「Aは嘘つきです」
>
> この発言から, 3人の中で確実に嘘つきであると判断できる人がいるだろうか。
>
> 　例えば, Aが正直者だと仮定する。つまり, B, Cは嘘つきだとする。
> 　　　Aの発言:「Bは嘘つきです」は正しいので, Bは嘘つきとなる。
> 　　　Bの発言:「私は正直者です」は嘘なので, Bは嘘つきとなる。
> 　　　Cの発言:「Aは嘘つきです」は嘘なので, Aは正直者となる。
> 　同様に, Bが正直者の場合と, Cが正直者の場合を考えると, 次のようになる。
>
> | | 仮定 | Aの発言から | Bの発言から | Cの発言から | |
> |---|---|---|---|---|---|
> | (i) | A:正, B:嘘, C:嘘 | Bは嘘つき | Bは嘘つき | Aは正直者 | 矛盾なし |
> | (ii) | A:嘘, B:正, C:嘘 | Bは正直者 | Bは正直者 | Aは正直者 | Aについて矛盾 |
> | (iii) | A:嘘, B:嘘, C:正 | Bは正直者 | Bは嘘つき | Aは嘘つき | Bについて矛盾 |
>
> 　(ii)はBを正直者と仮定して考えているが, 正直者は1人だけであるから,
> 　　　AとCは嘘つき
> となる。Cは「Aは嘘つきです」と発言している。Cは嘘つきであるから,「Aは嘘つき」ということが嘘より,
> 　　　Aは正直者
> となってしまい, Aが嘘つきであることに矛盾する。だから, Bが正直者という仮定が誤りで, Bは正直者ではないということがわかる。
> 　同様に, Cが正直者でないこともわかる。
> よって, 確実な嘘つきは, BとCということがわかる。
> 　このように, Aが正直者, Bが正直者, Cが正直者で場合を分けて考える。

1 A, B, Cの3人が面接を受けている。このうちいつも真実を述べる正直者は1人だけで, 他の2人は嘘つき(いつも嘘をつく)である。

Aの発言：「Bは嘘つきです」

この発言から, 3人の中で確実に嘘つきであると判断できる人がいるだろうか。

(i)　Aが嘘つきだと仮定した場合

Aの発言：「Bは嘘つきです」は嘘になるので, Bは [ア] である。

正直者は1人だけであるから, Cは [イ] である。よって,

A：嘘つき, B： [ア] , C： [イ]

(ii)　Aが正直者だと仮定した場合

Aの発言：「Bは嘘つきです」は正しいので, Bは [ウ] である。

正直者は1人だけであるから, Cは [エ] である。よって,

A：正直者, B： [ウ] , C： [エ]

したがって, いずれの場合にも嘘つきが確定するのは, [オ] だけである。

CHALLENGE　次の命題①, ②, ③が成り立つとする。

①　りゅうのすけ君はサッカー部員ではない。

②　トラを操れるものは秘密組織Aに属する。

③　サッカー部員でないものは秘密組織Aに属さない。

このとき, りゅうのすけ君はトラを操ることができるか。

対偶と元の命題の真偽は一致するので,

②の対偶： [ア] 。

が成り立つ。

①より, りゅうのすけ君はサッカー部員で [イ] 。

りゅうのすけ君はサッカー部員で [イ] ので, ③より, 秘密組織Aに [ウ] 。

りゅうのすけ君は秘密組織Aに [ウ] ので,

②の対偶より, トラを操ることは [エ] 。

したがって, りゅうのすけ君はトラを操ることは [エ] 。

✔ CHECK
53講で学んだこと

☐ 仮定をして考える。
☐ 場合を分けて考える。

小倉　悠司（おぐら　ゆうじ）
河合塾講師, N予備校・N高等学校・S高等学校数学担当
学生時代から授業を研究し,「どのように」だけではなく「なぜ」にも
こだわった授業を展開。自力で問題を解く力がつくと絶大な支持を
受ける。
また, 数学を根本から理解でき「おもしろい！」と思ってもらえるよ
う工夫し, 授業・教材作成を行っている。著書に「小倉悠司のゼロから
始める数学I・A」(KADOKAWA),「試験時間と得点を稼ぐ最速計算
数学I・A/数学II・B」(旺文社)などがある。

著者 小倉悠司

小倉のここからつなげる数学Aドリル

PRODUCTION STAFF

ブックデザイン	植草可純　前田歩来（APRON）
著者イラスト	芦野公平
本文イラスト	須澤彩夏
企画編集	髙橋龍之助（Gakken）
編集担当	小椋恵梨　荒木七海　三本木健浩（Gakken）
編集協力	株式会社 オルタナプロ
執筆協力	石田和久先生　田井智暁先生　中邨雪代先生　渡辺幸太郎先生
校正	森一郎　竹田直　永山龍那
販売担当	永峰威世紀（Gakken）
データ作成	株式会社 四国写研
印刷	株式会社 リーブルテック

読者アンケート ご協力のお願い

この度は弊社商品をお買い上げいただき、誠にありがとうございます。
本書に関するアンケートにご協力ください。右のQRコードから、アン
ケートフォームにアクセスすることができます。ご協力いただいた方の
なかから抽選でギフト券（500円分）をプレゼントさせていただきます。

アンケート番号：305741　　※アンケートは予告なく終了
する場合がございます。

KOKOKARA DRILL SERIES

大学入試 TSUNAGERU

小倉のここからつなげる数学Aドリル

別冊

解答
……
解説

Answer and Explanation
A Workbook for Achieving Complete Mastery
Mathematics A by Yuji Ogura

Gakken

小倉のここからつなげる数学Aドリル

別冊 **解答解説**

答え合わせのあと
必ず解説も読んで
理解を深めよう

MEMO

1 200 以下の自然数の集合を全体集合 U とし，そのうち 4 の倍数の集合を A，5 の倍数の集合を B，7 の倍数の集合を C とする。このとき，次の値を求めよ。

(1) $n(A)$, $n(B)$, $n(C)$

$200 \div 4 = 50$ より，
$$n(A) = 50 \quad \bullet \quad \boxed{A = \{4 \times 1, 4 \times 2, 4 \times 3, \cdots\cdots, 4 \times 50\}}$$
$200 \div 5 = 40$ より，
$$n(B) = 40 \quad \bullet \quad \boxed{B = \{5 \times 1, 5 \times 2, 5 \times 3, \cdots\cdots, 5 \times 40\}}$$
$200 \div 7 = 28$ 余り 4 より，
$$n(C) = 28 \text{ 答} \quad \bullet \quad \boxed{C = \{7 \times 1, 7 \times 2, 7 \times 3, \cdots\cdots, 7 \times 28\}}$$

(2) $n(A \cap B)$, $n(B \cap C)$, $n(C \cap A)$

$A \cap B$ は 4 の倍数かつ 5 の倍数，すなわち 20 の倍数の集合であり，
$200 \div 20 = 10$ より，
$$n(A \cap B) = 10 \quad \bullet \quad \boxed{A \cap B = \{20 \times 1, 20 \times 2, 20 \times 3, \cdots\cdots, 20 \times 10\}}$$
$B \cap C$ は 5 の倍数かつ 7 の倍数，すなわち 35 の倍数の集合であり，
$200 \div 35 = 5$ 余り 25 より，
$$n(B \cap C) = 5 \quad \bullet \quad \boxed{B \cap C = \{35 \times 1, 35 \times 2, 35 \times 3, 35 \times 4, 35 \times 5\}}$$
$C \cap A$ は 7 の倍数かつ 4 の倍数，すなわち 28 の倍数の集合であり，$200 \div 28 = 7$ 余り 4 より，
$$n(C \cap A) = 7 \text{ 答} \quad \bullet \quad \boxed{C \cap A = \{28 \times 1, 28 \times 2, 28 \times 3, \cdots\cdots, 28 \times 7\}}$$

（図：$U(200個)$，$A(50個)$，$B(40個)$，$C(28個)$ のベン図）

(3) $n(A \cap B \cap C)$, $n(A \cup B \cup C)$

$A \cap B \cap C$ は 140(4 と 5 と 7 の最小公倍数)の倍数の集合であり，$200 \div 140 = 1$ 余り 60 より，
$$n(A \cap B \cap C) = 1 \quad \boxed{A \cap B \cap C = \{140\}}$$
よって，
$$n(A \cup B \cup C) = n(A) + n(B) + n(C) - n(A \cap B) - n(B \cap C) - n(C \cap A) + n(A \cap B \cap C)$$
$$= 50 + 40 + 28 - 10 - 5 - 7 + 1$$
$$= 97 \text{ 答}$$

CHALLENGE あるクラスの生徒 28 人に好きなスポーツについて尋ねた結果，サッカーが好きな生徒は 12 人，野球が好きな生徒は 15 人，テニスが好きな生徒は 14 人であった。さらに，サッカーも野球も好きな生徒が 6 人，野球もテニスも好きな生徒が 8 人，テニスもサッカーも好きな生徒が 7 人いた。また，サッカー，野球，テニスのどれも好きではない生徒が 3 人いた。このとき，サッカー，野球，テニスのすべてが好きな生徒は何人か。

クラスの生徒 28 人の集合を全体集合 U とし，サッカーが好きな生徒の集合を A，野球が好きな生徒の集合を B，テニスが好きな生徒の集合を C とすると，
$$n(U) = \boxed{28}^{ア}, \quad n(A) = \boxed{12}^{イ}, \quad n(B) = \boxed{15}^{ウ}, \quad n(C) = \boxed{14}^{エ}, \quad n(A \cap B) = \boxed{6}^{オ},$$
$$n(B \cap C) = \boxed{8}^{カ}, \quad n(C \cap A) = \boxed{7}^{キ}, \quad n(\overline{A} \cap \overline{B} \cap \overline{C}) = \boxed{3}^{ク}$$
$$n(A \cup B \cup C) = n(U) - n(\overline{A} \cap \overline{B} \cap \overline{C})$$
$$= \boxed{28}^{ア} - \boxed{3}^{ク}$$
$$= \boxed{25}^{ケ}$$

（図：U，A，B，C，$\overline{A} \cap \overline{B} \cap \overline{C}$ のベン図）

$$n(A \cup B \cup C) = n(A) + n(B) + n(C) - n(A \cap B) - n(B \cap C) - n(C \cap A) + n(A \cap B \cap C)$$
より，
$$\boxed{25}^{ケ} = \boxed{12}^{イ} + \boxed{15}^{ウ} + \boxed{14}^{エ} - \boxed{6}^{オ} - \boxed{8}^{カ} - \boxed{7}^{キ} + n(A \cap B \cap C)$$
$$n(A \cap B \cap C) = \boxed{5}^{} \text{ 答}$$

1 1 g, 10 g, 50 g の 3 種類の重りを使って 120 g のものを量るとき, 重りの個数の組合せは何通りあるか。ただし, どの重りも十分な個数があり, 使わない重りがあってもよいとする。

1 g の重りを x 個, 10 g の重りを y 個, 50 g の重りを z 個使って 120 g のものを量るとすると, x, y, z は 0 以上の整数で,

$$x + \boxed{^{\mathcal{P}}10}\,y + \boxed{^{\mathcal{1}}50}\,z = 120 \quad \cdots ①$$

$$\boxed{^{\mathcal{1}}50}\,z = 120 - x - \boxed{^{\mathcal{7}}10}\,y$$

x, y は 0 以上の整数より, z は $\boxed{^{\mathcal{1}}50}\,z \leqq 120$, すなわち, $\boxed{^{\mathcal{7}}5}\,z \leqq 12$ をみたす 0 以上の整数であるから,

$$z = \boxed{^{\mathcal{1}}0}, \boxed{^{\mathcal{1}}1}, \boxed{^{\mathcal{1}}2} \quad \left(\boxed{^{\mathcal{1}}0} < \boxed{^{\mathcal{1}}1} < \boxed{^{\mathcal{1}}2} \right)$$

(i) $z = \boxed{^{\mathcal{1}}0}$ のとき, ①から,

$$x + 10y = \boxed{^{\mathcal{1}}120}$$

この等式をみたす 0 以上の整数 x, y の組は,

$$(x, y) = \left(\boxed{^{\mathcal{1}}120}, 0 \right), \left(\boxed{^{\mathcal{1}}110}, 1 \right), \left(\boxed{^{\mathcal{1}}100}, 2 \right), \cdots, \left(\boxed{^{\mathcal{1}}0}, 12 \right)$$

の $\boxed{^{\mathcal{1}}13}$ 通り。

> $y = 0$ のとき, $x = 120$
> $y = 1$ のとき, $x + 10 = 120$
> $x = 110$
> ⋮

(ii) $z = \boxed{^{\mathcal{1}}1}$ のとき, ①から,

$$x + 10y = \boxed{^{\mathcal{7}}70}$$

この等式をみたす 0 以上の整数 x, y の組は,

$$(x, y) = \left(\boxed{^{\mathcal{1}}70}, 0 \right), \left(\boxed{^{\mathcal{1}}60}, 1 \right), \left(\boxed{^{\mathcal{7}}50}, 2 \right), \cdots, \left(\boxed{^{\mathcal{1}}0}, 7 \right)$$

の $\boxed{^{\mathcal{7}}8}$ 通り。

> $y = 0$ のとき, $x = 70$
> $y = 1$ のとき, $x + 10 = 70$
> $x = 60$
> ⋮

(iii) $z = \boxed{^{\mathcal{1}}2}$ のとき, ①から,

$$x + 10y = \boxed{^{\mathcal{7}}20}$$

この等式をみたす 0 以上の整数 x, y の組は,

$$(x, y) = \left(\boxed{^{\mathcal{1}}20}, 0 \right), \left(\boxed{^{\mathcal{1}}10}, 1 \right), \left(\boxed{^{\mathcal{1}}0}, 2 \right)$$

の $\boxed{^{\mathcal{1}}3}$ 通り。

> $y = 0$ のとき, $x = 20$
> $y = 1$ のとき, $x + 10 = 20$
> $x = 10$
> $y = 2$ のとき, $x + 20 = 20$
> $x = 0$

(i), (ii), (iii)は同時には起こらないから, 求める場合の数は,

$$\boxed{^{\mathcal{1}}13} + \boxed{^{\mathcal{7}}8} + \boxed{^{\mathcal{1}}3} = \boxed{^{\mathcal{1}}24} \text{ (通り)} \text{ 答}$$

1 大, 中, 小 3 個のさいころを同時に投げるとき, 次の場合の数を求めよ。

(1) 出た目の積が 2 の倍数になる場合

　　出た目の積が 2 の倍数となるのは, 「少なくとも 1 つ 2 の倍数が出る」場合である。
　目の出方は全部で,
$$\boxed{^{ア}6} \times \boxed{^{ア}6} \times \boxed{^{ア}6} = \boxed{^{イ}216} \text{（通り）}$$
　　2 の倍数が 1 つも出ない, すなわち, すべて奇数となる目の出方は,
$$\boxed{^{ウ}3} \times \boxed{^{ウ}3} \times \boxed{^{ウ}3} = \boxed{^{エ}27} \text{（通り）}$$

> 同時に起こらない事柄で分けると,
> (i) 1 つの目だけが 2 の倍数 ⎫
> (ii) 2 つの目だけが 2 の倍数 ⎬ 今回求めたい事柄
> (iii) 3 つの目とも 2 の倍数 ⎭
> (iv) すべて奇数 ←これを除く方が楽

　　出た目の積が 2 の倍数となるのは, 全体から, 出た目の積が奇数,
　すなわち, すべて奇数の目が出る場合をひけばよく,
$$\boxed{^{イ}216} - \boxed{^{エ}27} = \boxed{^{オ}189} \text{（通り）} \text{答}$$

(2) 出た目の積が 3 の倍数になる場合

　　出た目の積が 3 の倍数となるのは, 「少なくとも 1 つ 3 の倍数が出る」場合である。
　3 の倍数が 1 つも出ない, すなわち, すべて 3 の倍数以外となる目の出方は,
$$\boxed{^{カ}4} \times \boxed{^{カ}4} \times \boxed{^{カ}4} = \boxed{^{キ}64} \text{（通り）}$$

> 3 の倍数でないのは 1, 2, 4, 5 の 4 通り

　　出た目の積が 3 の倍数となるのは, 全体から, 出た目の積が 3 の倍数とならない,
　すなわち, すべて 3 の倍数以外の目が出る場合をひけばよく,
$$\boxed{^{イ}216} - \boxed{^{キ}64} = \boxed{^{ク}152} \text{（通り）} \text{答}$$

> 同時に起こらない事柄で分けると,
> (i) 1 つの目だけが 3 の倍数 ⎫
> (ii) 2 つの目だけが 3 の倍数 ⎬ 今回求めたい事柄
> (iii) 3 つの目とも 3 の倍数 ⎭
> (iv) すべて 3 の倍数でない ←これを除く方が楽

CHALLENGE　大, 中, 小 3 個のさいころを同時に投げるとき, 出た目の積が 6 の倍数となる場合の数を求めよ。

　　目の積が 6 の倍数となるのは, 目の積が 3 の倍数であり, かつ 3 個のさいころの目の少なくとも 1 つが偶数の場合である。**1**(2)より, 出た目の積が 3 の倍数となるのは $\boxed{152}$ 通り。この中から,
　　　　目の積が奇数かつ 3 の倍数

> 6 の倍数でない 3 の倍数。

　の場合を除けばよい。
　　出た目の積が奇数で 3 の倍数となるのは, 3 個のさいころの目がすべて奇数となる場合から, 3 個のさいころの目がすべて 1 または 5 の場合をひけばよく,
$$\boxed{^{ケ}3} \times \boxed{^{ケ}3} \times \boxed{^{ケ}3} - \boxed{^{コ}2} \times \boxed{^{コ}2} \times \boxed{^{コ}2} = \boxed{^{サ}19} \text{（通り）}$$

　　よって, 求める場合の数は,
$$152 - \boxed{^{サ}19} = \boxed{^{シ}133} \text{（通り）} \text{答}$$

> 3 が 1 つも入らない場合を除く。

1 $(a+2b)(p-q+r-s)(3x-y)$ を展開すると, 異なる項は何個できるか。

展開してできる項は,

$$(a, 2b), (p, -q, r, -s), (3x, -y)$$

からそれぞれ 1 つずつ取り出してかけ合わせてつくられる。よって, 異なる項は,

$$2×4×2＝16(個)\ \text{答}$$

2 10 円硬貨 4 枚, 50 円硬貨 1 枚, 100 円硬貨 3 枚があるとき, これらの一部または全部を使ってちょうど支払うことのできる金額は何通りあるか。ただし, 少なくとも 1 枚の硬貨は使うものとする。

それぞれの硬貨の使い方は 10 円硬貨が ⁷ 5 通り, 50 円硬貨が ⁱ 2 通り, 100 円硬貨が ᵁ 4 通りだから, 硬貨を 1 枚も使わない場合も含めて支払うことのできる金額は,

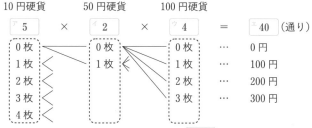

| 10 円硬貨 | 50 円硬貨 | 100 円硬貨 |

| ⁷ 5 | × | ⁱ 2 | × | ᵁ 4 | ＝ | ᴱ 40 | (通り) |

よって, ちょうど支払うことができる金額は, ᴱ 40 通りから, 硬貨を 1 枚も使わない場合, すなわち 0 円になる場合をひけばよく,

$$ᴱ40 － ᵒ1 ＝ ᶠ39 (通り)\ \text{答}$$

CHALLENGE 10 円硬貨 2 枚, 50 円硬貨 3 枚, 100 円硬貨 3 枚があるとき, これらの一部または全部を使ってちょうど支払うことのできる金額は何通りあるか。ただし, 少なくとも 1 枚の硬貨は使うものとする。

50 円 2 枚は 100 円 1 枚と同じ金額を表す。よって, 10 円硬貨 2 枚, 50 円硬貨 1 枚, 100 円硬貨 4 枚でちょうど支払うことができる金額と同じであり,

$$3×2×5-1＝29(通り)\ \text{答}$$

アドバイス

50 円硬貨が 3 枚あることがポイントです。

50 円 ⟶ 50 円 1 枚　　　　　　　100 円 ⟨ 100 円 1 枚 / 50 円 2 枚

150 円 ⟨ 100 円 1 枚, 50 円 1 枚 / 50 円 3 枚　　　200 円 ⟨ 100 円 2 枚 / 100 円 1 枚, 50 円 2 枚

50 円の支払い方は「50 円を 1 枚出す」という 1 通りですが, 150 円の支払い方は「100 円を 1 枚, 50 円を 1 枚出す」と「50 円を 3 枚出す」の 2 通りあります。よって, このままだと,

(支払うことのできる金額の種類)≠(硬貨の使い方の数)

となってしまい, 硬貨の使い方の数を数えても, 支払うことのできる金額が何通りかは求められません。

ここで, 「50 円 2 枚と 100 円 1 枚は同じ金額を表す」ので, 50 円硬貨 2 枚を 100 円硬貨 1 枚と考えることができます。そこで, 「10 円硬貨 2 枚, 50 円硬貨 3 枚, 100 円硬貨 3 枚」を「10 円硬貨 2 枚, 50 円硬貨 1 枚, 100 円硬貨 4 枚」と考えて支払うことのできる金額を考えます。このように考えると, 「100 円→100 円 1 枚, 150 円→50 円 1 枚, 100 円 1 枚」のように

(支払うことのできる金額の種類)＝(硬貨の使い方の数)

となるので, 硬貨の使い方の数を考えることで支払うことのできる金額が何種類かを求めることができます。

1 6個の数字 0, 1, 2, 3, 4, 5 から異なる 3 個の数字を取り出して 3 桁の整数をつくるとき, 次の整数は何個つくれるか。

(1) 2 の倍数

2 の倍数となるのは, 一の位が 2 の倍数となるときである。

(i) 一の位が「2, 4」のとき,

$$\overset{-}{\boxed{^{ア} 2}} \times \overset{百}{\boxed{^{イ} 4}} \times \overset{十}{\boxed{^{ウ} 4}} = \boxed{^{エ} 32}\,(個)$$

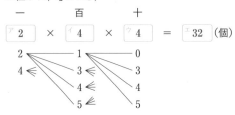

(ii) 一の位が 0 のとき

$$\overset{-}{\boxed{^{オ} 1}} \times \overset{百}{\boxed{^{カ} 5}} \times \overset{十}{\boxed{^{キ} 4}} = \boxed{^{ク} 20}\,(個)$$

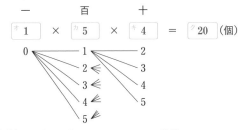

(i), (ii)は同時には起こらないから, 2 の倍数は,

$$\boxed{^{エ} 32} + \boxed{^{ク} 20} = \boxed{^{ケ} 52}\,(個) \;\text{答}$$

(2) 3 の倍数

3 の倍数となるのは, 各位の数の和が 3 の倍数となる場合である。

(i) 0 を含む場合, 残り 2 つは 3 でわった余りが 1 の数と 3 でわった余りが 2 の数を 1 つずつ選べばよいから, 3 個の数字の組合せは,

$$\left\{0, \boxed{^{コ} 1}, 2\right\}, \left\{0, \boxed{^{サ} 2}, 4\right\}, \left\{0, 1, \boxed{^{シ} 5}\right\}, \left\{0, \boxed{^{ス} 4}, 5\right\}$$

百の位は 0 以外であり, 4 組あるので, 3 の倍数となる 3 桁の整数は,

$$\left(\boxed{^{セ} 2} \times \boxed{^{ソ} 2}\,!\right) \times 4 = \boxed{^{タ} 16}\,(個)$$

(ii) 0 を含まない場合, 3 の倍数, 3 でわった余りが 1 の数, 3 でわった余りが 2 の数をそれぞれ 1 つずつ選べばよいから, 3 個の数字の組合せは,

$$\left\{1, 2, \boxed{^{チ} 3}\right\}, \left\{2, 3, \boxed{^{ツ} 4}\right\}, \left\{1, \boxed{^{テ} 3}, 5\right\}, \left\{3, \boxed{^{ト} 4}, 5\right\}$$

4 組あるので, 3 の倍数となる 3 桁の整数は,

$$\boxed{^{ナ} 3}\,! \times 4 = \boxed{^{ニ} 24}\,(個)$$

(i), (ii)は同時には起こらないので, 求める場合の数は,

$$\boxed{^{タ} 16} + \boxed{^{ニ} 24} = \boxed{^{ヌ} 40}\,(個) \;\text{答}$$

解説 6 個の数字を 3 でわった余りで分類すると, 次のようになる。

(ア) 3 の倍数(3 でわった余りが 0) …0, 3　　　(イ) 3 でわった余りが 1 …1, 4

(ウ) 3 でわった余りが 2 …2, 5

(i)の場合であれば, 0 以外の数は(イ)から 1 つと(ウ)から 1 つ選べばよいので,

「1 と 2」,「4 と 2」,「1 と 5」,「4 と 5」

である。(ii)の場合も 3 以外の数は(イ)から 1 つと(ウ)から 1 つ選べばよいので, 同様に考えることができる。

1 a, g, o, r, u の 5 文字を並べたものを, agoru から uroga までアルファベット順に並べるとき, 次の問いに答えよ。

(1) ogura は何番目の文字列か。

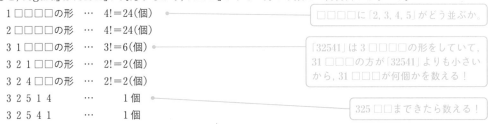

$$a \to 1,\ g \to 2,\ o \to 3,\ r \to 4,\ u \to 5 \quad \cdots (\bigstar)$$

とすると, 「ogura」は「32541」に対応するから, 「32541」が小さい方から数えて何番目かを求める。

1□□□□の形	…	4!＝24(個)
2□□□□の形	…	4!＝24(個)
31□□□の形	…	3!＝6(個)
321□□の形	…	2!＝2(個)
324□□の形	…	2!＝2(個)
3 2 5 1 4	…	1個
3 2 5 4 1	…	1個

□□□□に「2, 3, 4, 5」がどう並ぶか。

「32541」は 3□□□□の形をしていて, 31□□□の方が「32541」よりも小さいから, 31□□□が何個かを数える！

325□□までできたら数える！

よって,

$$24+24+6+2+2+1+1=60(番目) \quad \text{答}$$

(2) 47 番目の文字列を求めよ。

(★)のように変換して, 小さい順に並べたときの 47 番目の数を求める。

1□□□□の形	…	4!＝24(個)	
21□□□の形	…	3!＝6(個)	計 30 個
23□□□の形	…	3!＝6(個)	計 36 個
24□□□の形	…	3!＝6(個)	計 42 個
251□□の形	…	2!＝2(個)	計 44 個
253□□の形	…	2!＝2(個)	計 46 個
2 5 4 1 3	…	1個	

47 番目は「25413」であり, 1 → a, 2 → g, 3 → o, 4 → r, 5 → u だから, 47 番目の文字列は,

gurao 答

(別解)

1□□□□の形が 24 個, 2□□□□の形が 24 個だから, 48 番目は「25431」であり, 47 番目は「25413」とわかる。よって, 求める文字列は,

gurao 答

47 番目は 48 番目の「25431」よりも 1 つ小さい
「25413」
とわかる。

アドバイス

辞書式に並べる順列は, 今回のように数が小さい順におきかえて考えることがオススメです。

$$a \to 1,\ g \to 2,\ o \to 3,\ r \to 4,\ u \to 5$$

とすれば,

アルファベット順		変換後
agoru	⟷	12345
agour	⟷	12354
⋮		⋮

「1, 2, 3, 4, 5」でつくれる 1 番小さい数。

「1, 2, 3, 4, 5」でつくれる 2 番目に小さい数。

のようになり, 「ogura」であれば「32541」となります。「ogura」が何番目の文字列かは, 「1, 2, 3, 4, 5」でつくった数で小さい方から何番目かにおきかわります。数が小さい方から何番目の方がわかりやすいですね(アルファベット順の方がわかりやすい人は, そのままやってももちろん構いません)。

Chapter 1
07講 | **3部屋への分け方**

演習の問題 →本冊 P.31

1 ①～⑧の 8 人を A, B, C の 3 つの部屋に入れる。

(1) 空の部屋があってもよいとしたときの入れ方は何通りあるか。

①～⑧にはそれぞれ「A か B か C」の 3 通りずつの入り方がある
から,

$$3 \times 3 \times 3 \times 3 \times 3 \times 3 \times 3 \times 3 = 3^8$$
$$= 6561(通り) \; 答$$

(2) 空の部屋がない入れ方は何通りあるか。

(i) 2 部屋が空になる場合
「全員が A に入る」「全員が B に入る」「全員が C に入る」
の 3 通り。

(ii) 1 部屋が空になる場合
A のみが空になる場合は, ①～⑧を「B か C」の 2 部屋に分ける分け方から,
「全員が B に入る」,「全員が C に入る」の 2 通りをひけばよく,

$$2^8 - 2 = 254(通り)$$

B のみが空となる場合と, C のみが空になる場合も同様であるから,

$$254 \times 3 = 762(通り)$$

したがって, 空の部屋がない入れ方は,

$$6561 - 3 - 762 = 5796(通り) \; 答$$

〈空の部屋があってもよい〉（6561通り）		
〈空の部屋がない〉 〈求める場合の数〉		
〈2部屋が空〉		
「全員が A に入る」　「全員が B に入る」 「全員が C に入る」　　　　3通り		
〈1部屋のみ空〉		
「A のみ空」	「B のみ空」	「C のみ空」
254通り	254通り	254通り

CHALLENGE ①～⑥の 6 人を区別できない 3 つの部屋に分けるとき, ①, ②を別々の部屋に入れる方法は何通りあるか。ただし, 空の部屋はないものとする。

①が入る部屋を A, ②が入る部屋を B, ①, ②が入らない部屋を C とする。
残りの 4 人を空の部屋がないように A, B, C に分けることを考える。
空の部屋がない入れ方は,

「③～⑥を A, B, C に分ける分け方」から「C の部屋にだれも入らない分け方」

をひけばよく,

$$3^4 - 2^4 = 65(通り) \; 答$$

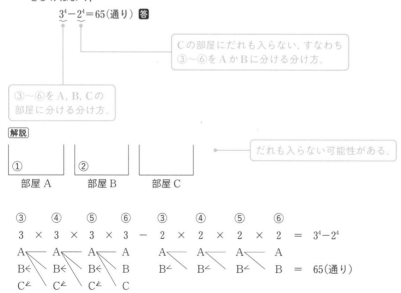

C の部屋にだれも入らない, すなわち
③～⑥を A か B に分ける分け方。

③～⑥を A, B, C の
部屋に分ける分け方。

解説

①	②	
部屋 A	部屋 B	部屋 C

だれも入らない可能性がある。

```
③   ④   ⑤   ⑥      ③   ④   ⑤   ⑥
3 × 3 × 3 × 3 － 2 × 2 × 2 × 2  =  3⁴－2⁴
A   A   A   A      A   A   A   A
B   B   B   B      B   B   B   B  =  65(通り)
C   C   C   C
```

1 身長の異なる 6 人の生徒を，身長の高い順に A, B, C, D, E, F とする。この 6 人を円形に並べるとき，C の両隣の少なくとも一方に C より身長の高い生徒が並ぶ並び方は何通りあるか。

C の両隣に C より身長の低い生徒が並ぶ円順列を求めて，全体からひくことを考える。

C より身長の低い生徒は D, E, F の 3 人なので，C の両隣の決め方は，
$$_3P_2 = 6 (通り)$$

C と C の両隣を合わせて C グループとすると，C グループ（1 人とみなす）と残り 3 人の計 4 人の円順列は，
$$(4-1)! = 6 (通り)$$

よって，条件をみたす並び方は，
$$(6-1)! - 6 \times 6 = 84 (通り) \quad 答$$

> 全体。

> C の両隣に C より低い生徒が並ぶ円順列。

2 白玉 2 個，黒玉 2 個，青玉 2 個，赤玉 1 個がある。これらを円形に並べる方法は何通りあるか。

赤玉を固定して考えると，白玉 2 個，黒玉 2 個，青玉 2 個を右の図の①～⑥に並べる並べ方が求める場合の数だから，
$$\frac{6!}{2!2!2!} = 90 (通り) \quad 答$$

> 赤玉が 1 つだけなので，赤玉を固定して考える。

> ①～⑥に○○●●🔵🔵がどう並ぶかが求める並べ方。

CHALLENGE 正五角錐の各面を異なる 6 色をすべて使って塗る方法は何通りあるか。ただし，立体を回転させて一致する塗り方は同じとみなす。

底面の正五角形の塗り方は
6 通り

その各々について，側面の塗り方は，
異なる 5 個の円順列であるから，
$$(5-1)! = 24 (通り)$$

よって，求める場合の数は
$$6 \times 24 = 144 (通り) \quad 答$$

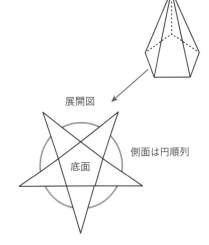

展開図

側面は円順列

底面

1 異なる 7 個の宝石でネックレスをつくるとき, 何種類のネックレスがつくれるか。

異なる 7 個の宝石を円形に並べたもののうち, 裏返して一致するものは同じものと考えるので,

$$\frac{(7-1)!}{2}=360(種類) \text{ 答}$$

2 異なる 7 個の宝石から 4 個を取り出し, ネックレスをつくるとき, 何種類のネックレスがつくれるか。

異なる 7 個の宝石からネックレスをつくる 4 個を選ぶ選び方は,

$_7C_4$ 通り

選んだ 4 個についてネックレスのつくり方は, 円形に並べたもののうち, 裏返して一致するものは同じと考えるので

$$\frac{(4-1)!}{2}=3(通り)$$

よって, 求めるネックレスの種類は,

$_7C_4 \times 3=105(種類) \text{ 答}$

CHALLENGE 白玉が 4 個, 黒玉が 3 個, 赤玉が 1 個ある。これらの玉をひもに通してネックレスをつくる方法は何通りあるか。

赤玉を固定して考えると, 円形に並べる方法は, $\dfrac{7!}{4!3!}=35(通り)$

このうち, 裏返して一致するものは,

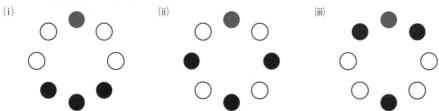

(i)　　　　　　　　(ii)　　　　　　　　(iii)

の $\boxed{^{ア}\ 3}$ 通り。

残りの $\left(35-\boxed{^{ア}\ 3}\right)$ 通りの円順列 1 つ 1 つに対して, 裏返すと一致するものが他に必ず 1 つずつあるから, ネックレスをつくる方法は, 全部で

$$\boxed{^{ア}\ 3}+\frac{35-\boxed{^{ア}\ 3}}{\boxed{^{イ}\ 2}}=\boxed{^{ウ}\ 19}(通り) \text{ 答}$$

解説 (i), (ii), (iii)のように, 左右対称なものは裏返しても一致するので, (i), (ii), (iii)はネックレスとして, それぞれ 1 つのものとして数える。

残りの $35-3=32(通り)$ は,

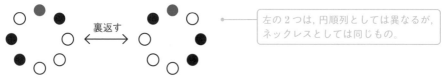

裏返す

> 左の 2 つは, 円順列としては異なるが, ネックレスとしては同じもの。

のように裏返すと一致するものがあるので, ネックレスとしては半分になる。よって,

$$3+\frac{32}{2}=19(通り)$$

1 ①～⑫の 12 人を 3 人ずつの 4 グループに分ける方法は何通りあるか。

グループを A（3 人），B（3 人），C（3 人），D（3 人）と区別すると，12 人の A，B，C，D への分け方は，

$_{12}C_3 \times _9C_3 \times _6C_3 \times _3C_3$（通り）

グループに区別をつけた分け方のうち，4! 通りを 1 通りとみたものが，グループに区別がない分け方だから，

$$\frac{_{12}C_3 \times _9C_3 \times _6C_3 \times _3C_3}{4!}$$

$$= \frac{2 \cdot 11 \cdot 10 \times 3 \cdot 4 \cdot 7 \times 5 \cdot 4}{4 \cdot 3 \cdot 2 \cdot 1}$$

$$= 15400（通り）\quad 答$$

$$_{12}C_3 = \frac{12 \cdot 11 \cdot 10}{3 \cdot 2 \cdot 1} = 2 \cdot 11 \cdot 10$$

$$_9C_3 = \frac{9 \cdot 8 \cdot 7}{3 \cdot 2 \cdot 1} = 3 \cdot 4 \cdot 7$$

$$_6C_3 = \frac{6 \cdot 5 \cdot 4}{3 \cdot 2 \cdot 1} = 5 \cdot 4$$

解説

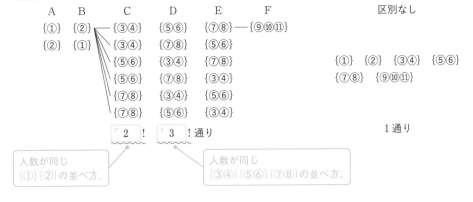

A（3 人）	B（3 人）	C（3 人）	D（3 人）		区別なし			
{①②③}	{④⑤⑥}	{⑦⑧⑨}	{⑩⑪⑫}					
{①②③}	{④⑤⑥}	{⑩⑪⑫}	{⑦⑧⑨}		{①②③}	{④⑤⑥}	{⑦⑧⑨}	{⑩⑪⑫}
⋮								
{⑩⑪⑫}	{⑦⑧⑨}	{④⑤⑥}	{①②③}					

4! 通り ⟶ 1 通り

区別がない分け方は，区別がある分け方の 4! 通りを 1 通りとみたもの

CHALLENGE ①～⑪の 11 人を 1 人，1 人，2 人，2 人，2 人，3 人の 6 グループに分ける方法は何通りあるか。

手順1 グループに名前をつけて区別したときの分け方を考える。

A（1 人）　　B（1 人）　　C（2 人）　　D（2 人）　　E（2 人）　　F（3 人）

$_{11}C_1 \quad \times \quad _{10}C_1 \quad \times \quad _9C_2 \quad \times \quad _7C_2 \quad \times \quad _5C_2 \quad \times \quad _3C_3$ 通り

手順2 グループの区別をなくしたときと区別があるときの対応を考える。

A	B	C	D	E	F		区別なし			
{①}	{②}	{③④}	{⑤⑥}	{⑦⑧}	{⑨⑩⑪}					
{②}	{①}	{③④}	{⑦⑧}	{⑤⑥}						
		{⑤⑥}	{③④}	{⑦⑧}			{①}	{②}	{③④}	{⑤⑥}
		{⑤⑥}	{⑦⑧}	{③④}			{⑦⑧}	{⑨⑩⑪}		
		{⑦⑧}	{③④}	{⑤⑥}						
		{⑦⑧}	{⑤⑥}	{③④}						

ア 2 ！ イ 3 ！通り　　　　　　　　　　1 通り

人数が同じ {①} {②} の並べ方。

人数が同じ {③④} {⑤⑥} {⑦⑧} の並べ方。

よって，11 人を 1 人，1 人，2 人，2 人，2 人，3 人の 6 グループに分ける方法は，

$$\frac{_{11}C_1 \times _{10}C_1 \times _9C_2 \times _7C_2 \times _5C_2 \times _3C_3}{^{ア}2! \, ^{イ}3!} = \boxed{^{ウ}69300}（通り）\quad 答$$

アドバイス

このように，分けるグループごとの人数が決まっている組分けの問題では，

　グループに区別をつけたときの分け方の総数を，人数が同じグループ数の階乗でわればよい

ということになります。

1 3 人ずつ 4 グループ　→　4! でわる

CHALLENGE 1 人ずつ 2 グループ，2 人ずつ 3 グループ→ 2!3! でわる

1 A, B, C, D の 4 種類の文字から重複を許して 7 個取り出すとき, 取り出し方は何通りあるか。

$\boxed{^{7} \ 7}$ 個の○と $\boxed{^{イ} \ 3}$ 本の｜(仕切り)を 1 列に並べる並べ方と同数であるから,

$$\frac{\boxed{^{ウ} \ 10} \ !}{\boxed{^{ア} \ 7} \ ! \ \boxed{^{イ} \ 3} \ !} = \boxed{^{エ} \ 120} \ (通り) \ 答$$

▶ 参考

A, B, C, D の 4 種類に分けるから, 仕切りは 4−1＝3(本)です。

例えば, 以下のように対応します。

$\{A, A, B, C, D, D, D\}$ $\xleftarrow{\ 1対1対応\ }$ $\overset{A}{\bigcirc \ \bigcirc}|\overset{B}{\bigcirc}|\overset{C}{\bigcirc}|\overset{D}{\bigcirc \ \bigcirc \ \bigcirc}$

$\{A, A, B, B, B, D, D\}$ $\xleftarrow{\ 1対1対応\ }$ $\overset{A}{\bigcirc \ \bigcirc}|\overset{B}{\bigcirc \ \bigcirc \ \bigcirc}|\overset{C}{}|\overset{D}{\bigcirc \ \bigcirc}$

2 x, y, z の 3 種類の文字から重複を許して 8 個取り出すとき, 取り出し方は何通りあるか。

8 個の○と 2 本の｜(仕切り)を 1 列に並べる並べ方と同数であるから,

$$\frac{10!}{8!2!} = 45 \ (通り) \ 答$$

▶ 参考

x, y, z の 3 種類に分けるから, 仕切りは 3−1＝2(本)です。

例えば, 以下のように対応します。

$\{x, x, x, y, y, z, z, z\}$ $\xleftarrow{\ 1対1対応\ }$ $\overset{x}{\bigcirc \ \bigcirc \ \bigcirc}|\overset{y}{\bigcirc \ \bigcirc}|\overset{z}{\bigcirc \ \bigcirc \ \bigcirc}$

$\{y, y, y, y, y, y, y\}$ $\xleftarrow{\ 1対1対応\ }$ $\overset{x}{}|\overset{y}{\bigcirc \ \bigcirc \ \bigcirc \ \bigcirc \ \bigcirc \ \bigcirc \ \bigcirc}|\overset{z}{}$

CHALLENGE　A, B, C, D の 4 種類の文字から重複を許して 7 個取り出すとき, 取り出し方は何通りあるか。ただし, どの文字も少なくとも 1 個は取り出すものとする。

A, B, C, D を 1 個ずつ取り出しておいて, 残り 3 個の取り出し方を考えればよい。

A, B, C, D の 4 種類の文字から重複を許して 3 個取り出す方法の総数は, 3 個の○と 3 本の｜(仕切り)を 1 列に並べる並べ方と同数であるから,

$$\frac{6!}{3!3!} = 20 \ (通り) \ 答$$

1 9個のりんごをAさん，Bさん，Cさん，Dさんの4人に分けるとき，分け方は何通りあるか。ただし，1個ももらわない人がいてもよいものとする。

9個の○と3本の｜(仕切り)を1列に並べる並べ方と同数であるから，

$$\frac{12!}{9!3!}=220（通り）\text{ 答}$$

▶ 参考

例えば，以下のように対応します。

Aさん2個，Bさん0個，Cさん4個，Dさん3個 $\xleftarrow{\text{1対1対応}}$ $\underset{A}{○\ ○}\ |\ \underset{B}{}\ |\ \underset{C}{○\ ○\ ○\ ○}\ |\ \underset{D}{○\ ○\ ○}$

2 $x+y+z+w=10$ をみたす0以上の整数の組(x, y, z, w)は何通りあるか。

10個の○と3本の｜(仕切り)を1列に並べる並べ方と同数であるから，

$$\frac{13!}{10!3!}=286（通り）\text{ 答}$$

▶ 参考

例えば，以下のように対応します。

$(x, y, z, w)=(3, 2, 5, 0)$ $\xleftarrow{\text{1対1対応}}$ $\underset{x}{○\ ○\ ○}\ |\ \underset{y}{○\ ○}\ |\ \underset{z}{○\ ○\ ○\ ○\ ○}\ |\ \underset{w}{}$

CHALLENGE　次の問いに答えよ。

(1) $x+y+z+w=12\ (x≧0, y≧1, z≧2, w≧3)$をみたす整数の組$(x, y, z, w)$は何通りあるか。

12個の○をx, y, z, wに分ける方法を考える。

$x≧0, y≧1, z≧2, w≧3$ より，先に○をyに1個，zに2個，wに3個分配する。残りの，$12-(1+2+3)=6$個の○をx, y, z, wに分ける方法を考えればよい。これは，6個の○と3本の｜(仕切り)を1列に並べる並べ方と同数であるから，

$$\frac{9!}{6!3!}=84（通り）\text{ 答}$$

(2) 1個のさいころを4回振ったときの出る目を順にa, b, c, dとする。$a≦b≦c≦d$となる目の出方は何通りあるか。

4個の○と5本の｜(仕切り)を1列に並べる並べ方を考えて，次のように対応させる。

$\begin{array}{cccccc}1&2&3&4&5&6\end{array}$ $\qquad (a, b, c, d)$
$○\ |\ |\ ○\ ○\ |\ |\ |\ ○$ $\xleftrightarrow{\hspace{1cm}}$ $(1, 3, 3, 6)$
$|\ ○\ |\ |\ ○\ ○\ ○\ |\ |$ $\xleftrightarrow{\hspace{1cm}}$ $(2, 4, 4, 4)$

(左の○から順にa, b, c, dと対応させる)

求める場合の数は，4個の○と5本の｜(仕切り)の並べ方と同数であるから，

$$\frac{9!}{4!5!}=126（通り）\text{ 答}$$

❶ ⓪, ①, ②, ③, ④, ⑤ の 6 枚のカードから 4 枚のカードを無作為に取って 1 列に並べ, 整数をつくる。ただし, ⓪②①③ などは 213 を表すものとする。このとき, できた整数が 4 桁の 5 の倍数となる確率を求めよ。

6 枚のカードから 4 枚を選んで並べる場合の数は

$_6\mathrm{P}_4$ 通り

4 桁の 5 の倍数となるのは, 千の位が 0 でなく, 一の位が 0 または 5 のときである。

(i) 一の位が 0 のとき

一 千 百 十

$1 \times 5 \times 4 \times 3 = 60$(通り)

(ii) 一の位が 5 のとき

一 千 百 十

$1 \times 4 \times 4 \times 3 = 48$(通り)

(i), (ii)より, 求める確率は,

$$\frac{60+48}{_6\mathrm{P}_4} = \frac{108}{6\cdot5\cdot4\cdot3} = \frac{3}{10} \ \text{答}$$

❷ 男子 A, B, C の 3 人, 女子ア, イ, ウの 3 人が円形に並べられた座席に無作為に座る。

(1) 男女が交互に座る確率を求めよ。

6 人が円形に座る座り方は,

$(6-1)! = 5!$(通り)

ある男子 A を固定して考えると, 男子が座る位置と女子の座る位置が決まる。残りの男子の座り方が 2! 通り, 女子の座り方が 3! 通り

よって, 求める確率は,

$$\frac{2! \times 3!}{5!} = \frac{\overset{1}{2!} \cdot 1 \cdot 3!}{\underset{2}{5 \cdot 4} \cdot 3!} = \frac{1}{10} \ \text{答}$$

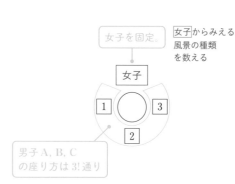

(2) 女子 3 人が隣り合う確率を求めよ。

女子 3 人をひとかたまりとして 女子 とし, 固定して考える。

残りの男子 3 人の座り方は,

3! 通り

ひとかたまりと考えた女子 3 人の座り方は,

3! 通り

よって, 求める確率は,

$$\frac{3! \times 3!}{5!} = \frac{3\cdot2\cdot1 \times 3!}{5\cdot4\cdot3!} = \frac{3}{10} \ \text{答}$$

演習の問題 →本冊P.45

1 3個のさいころを同時に投げるとき，出る目の和が8になる確率を求めよ。

3個のさいころをX, Y, Zとして区別して考えると，目の出方は全部で

6^3 通り

まず，和が8になる目の組合せは

$\{1, 1, 6\}, \{1, 2, 5\}, \{1, 3, 4\}, \{2, 2, 4\}, \{2, 3, 3\}$

の場合があり，それぞれの事象は互いに排反である。

（i） 数の種類が2種類の組合せは$\{1, 1, 6\}, \{2, 2, 4\}, \{2, 3, 3\}$の3通りで，

目の出方はそれぞれ$\dfrac{3!}{2!}=3$(通り)だから，

$3×3=9$(通り)

（ii） 数の種類が3種類の組合せは，$\{1, 2, 5\}, \{1, 3, 4\}$の2通りで，

目の出方はそれぞれ$3!=6$(通り)だから，

$2×6=12$(通り)

（i），（ii）より，求める確率は，

$\dfrac{9}{6^3}+\dfrac{12}{6^3}=\dfrac{21}{6\cdot6\cdot6}=\dfrac{7}{72}$ **答**

> 出る目をそれぞれx, y, zとする。

> $\{1, 1, 6\}$のとき，
> $(x, y, z)=(1, 1, 6), (1, 6, 1), (6, 1, 1)$

> $\{1, 2, 5\}$のとき，
> $(x, y, z)=(1, 2, 5), (1, 5, 2), (2, 1, 5)$
> $(2, 5, 1), (5, 1, 2), (5, 2, 1)$

2 白玉5個，赤玉3個，青玉2個が入った袋から同時に4個取り出すとき，色の種類が3種類である確率を求めよ。

すべての玉を区別して考えると，玉の取り出し方は

$_{10}C_4$ 通り

取り出した玉の色が3種類となるのは，

（白玉の個数，赤玉の個数，青玉の個数）

$=(2, 1, 1), (1, 2, 1), (1, 1, 2)$

の場合である。（白，赤，青）$=(2, 1, 1)$となる事象をA，

（白，赤，青）$=(1, 2, 1)$となる事象をB，（白，赤，青）$=(1, 1, 2)$となる

事象をCとすると，A, B, Cは互いに排反である。

よって，求める確率は，

$$P(A)+P(C)=\dfrac{_5C_2\cdot_3C_1\cdot_2C_1}{_{10}C_4}+\dfrac{_5C_1\cdot_3C_2\cdot_2C_1}{_{10}C_4}+\dfrac{_5C_1\cdot_3C_1\cdot_2C_2}{_{10}C_4}$$

$$=\dfrac{5\cdot2\cdot3\cdot2+5\cdot3\cdot2+5\cdot3}{5\cdot3\cdot2\cdot7}$$

$$=\dfrac{7}{14}=\dfrac{1}{2}$$ **答**

> 確率を求めるときはみた目が同じものでも区別して考える。

> $_{10}C_4=\dfrac{10\cdot9\cdot8\cdot7}{4\cdot3\cdot2\cdot1}$
> $=5\cdot3\cdot2\cdot7$

CHALLENGE 当たりを3本含む8本のくじが入った袋からA, B, Cがこの順で1本ずつくじをひく。ひいたくじを元に戻さないとき，3人のうち2人が当たりをひく確率を求めよ。

A, Bだけが当たりをひく事象をX，B, Cだけが当たりをひく事象をY，C, Aだけが当たりをひく事象をZとすると，X, Y, Zは互いに排反である。

よって，求める確率は，

$$P(X)+P(Y)+P(Z)=\dfrac{3}{8}×\dfrac{2}{7}×\dfrac{5}{6}+\dfrac{5}{8}×\dfrac{3}{7}×\dfrac{2}{6}+\dfrac{3}{8}×\dfrac{5}{7}×\dfrac{2}{6}$$

$$=\dfrac{5}{56}+\dfrac{5}{56}+\dfrac{5}{56}$$

$$=\dfrac{15}{56}$$ **答**

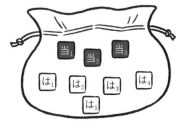

1 1 から 100 までの番号がついた玉が入った袋から 1 個の玉を取り出すとする。取り出された玉の番号が 4 の倍数である事象を A, 取り出された玉の番号が 6 の倍数である事象を B とするとき, $P(A \cup B)$ を求めよ。

$A \cap B$ は取り出した玉が 12 の倍数である事象であり,
$A = \{4 \cdot 1, 4 \cdot 2, \cdots, 4 \cdot 25\}$, $B = \{6 \cdot 1, 6 \cdot 2, \cdots, 6 \cdot 16\}$,
$A \cap B = \{12 \cdot 1, 12 \cdot 2, \cdots, 12 \cdot 8\}$
より,

$$P(A) = \frac{25}{100}, \quad P(B) = \frac{16}{100}, \quad P(A \cap B) = \frac{8}{100}$$

求める確率は $P(A \cup B)$ だから,
$$P(A \cup B) = P(A) + P(B) - P(A \cap B)$$
$$= \frac{25}{100} + \frac{16}{100} - \frac{8}{100}$$
$$= \frac{33}{100} \ \text{答}$$

2 ジョーカーを除いたトランプ 52 枚から無作為に 1 枚を選ぶとき, そのカードがハートまたは 3 以下のカードである確率を求めよ。

選んだカードがハートである事象を A, 3 以下である事象を B とする。

ハートは 13 枚あるから, $P(A) = \frac{13}{52}$

3 以下のカードは 12 枚あるから, $P(B) = \frac{12}{52}$

$A \cap B$ は, 選んだカードがハートの 3 以下のカードである事象だから, $P(A \cap B) = \frac{3}{52}$

求める確率は $P(A \cup B)$ だから,
$$P(A \cup B) = P(A) + P(B) - P(A \cap B)$$
$$= \frac{13}{52} + \frac{12}{52} - \frac{3}{52}$$
$$= \frac{11}{26} \ \text{答}$$

CHALLENGE 1 から 12 の番号がついた玉が入った袋から同時に 2 個の玉を取り出す。取り出した玉の番号が 2 個とも偶数, または 2 個とも 3 の倍数である確率を求めよ。

2 個の玉を取り出す取り出し方は $_{12}C_2$ 通り

取り出した玉の番号が 2 個とも偶数である事象を A,
2 個とも 3 の倍数である事象を B とすると,
$A \cap B$ は取り出した玉が 2 個とも 6 の倍数である事象である。

偶数の玉は 6 個, 3 の倍数の玉は 4 個, 6 の倍数の玉は 2 個あるから,

$$P(A) = \frac{_6C_2}{_{12}C_2}, \quad P(B) = \frac{_4C_2}{_{12}C_2}, \quad P(A \cap B) = \frac{_2C_2}{_{12}C_2}$$

求める確率は $P(A \cup B)$ だから,
$$P(A \cup B) = P(A) + P(B) - P(A \cap B)$$
$$= \frac{_6C_2}{_{12}C_2} + \frac{_4C_2}{_{12}C_2} - \frac{_2C_2}{_{12}C_2}$$
$$= \frac{10}{33} \ \text{答}$$

1 袋の中に赤玉, 白玉, 青玉が 4 個ずつ計 12 個入っており, どの色の玉にも 1 から 4 までの番号が 1 つずつ書かれている。この袋から同時に 4 個取り出すとき, 取り出された 4 個の中に, 白玉が含まれかつ奇数が書かれた玉が含まれる確率を求めよ。

4 個の玉を同時に取り出すとき,
　白玉が含まれない事象を A,
　奇数の玉が含まれない事象を B
とすると,

$$P(A)=\frac{{}_8C_4}{{}_{12}C_4} \qquad P(B)=\frac{{}_6C_4}{{}_{12}C_4} \qquad P(A\cap B)=\frac{{}_4C_4}{{}_{12}C_4}$$

白玉以外の 8 個から　　偶数の玉 6 個から　　赤玉, 青玉の偶数の 4 個
4 個取り出す確率　　　4 個取り出す確率　　　から 4 個取り出す確率

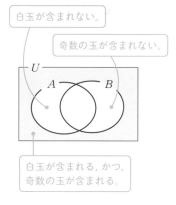

よって,
　$\overline{A}$：白玉が含まれる, $\overline{B}$：奇数が書かれた玉が含まれる
より, 求める確率は,

$$\begin{aligned}
P(\overline{A}\cap\overline{B})&=1-P(A\cup B)\\
&=1-(P(A)+P(B)-P(A\cap B))\\
&=1-\left(\frac{{}_8C_4}{{}_{12}C_4}+\frac{{}_6C_4}{{}_{12}C_4}-\frac{{}_4C_4}{{}_{12}C_4}\right)\\
&=1-\frac{28}{165}\\
&=\frac{137}{165} \text{ 答}
\end{aligned}$$

CHALLENGE　袋の中に 1 から 9 までの数字が 1 つずつ書かれている 9 枚のカードがある。袋の中から 1 枚を取り出し, 書かれている数字を記録してから袋の中に戻すという操作を n 回くり返す。記録された数の積が 10 の倍数となる確率を求めよ。

記録された数の積が 2 の倍数でない事象を A,
記録された数の積が 5 の倍数でない事象を B
とすると,

$$P(A)=\left(\frac{5}{9}\right)^n, \quad P(B)=\left(\frac{8}{9}\right)^n$$

n回とも 1, 3, 5, 7, 9　　n回とも 1, 2, 3, 4, 6, 7, 8, 9
を取り出す確率　　　　を取り出す確率

$A\cap B$は, 記録された数の積が 2 の倍数でも 5 の倍数でもない事象より,

$$P(A\cap B)=\left(\frac{4}{9}\right)^n$$

n回とも 1, 3, 7, 9
を取り出す確率

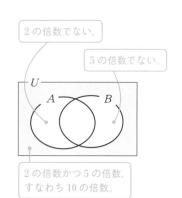

よって,
　$\overline{A}$：記録された数の積が 2 の倍数
　$\overline{B}$：記録された数の積が 5 の倍数
より, 求める確率は,

$$\begin{aligned}
P(\overline{A}\cap\overline{B})&=1-P(A\cup B)\\
&=1-\{P(A)+P(B)-P(A\cap B)\}\\
&=1-\left(\frac{5}{9}\right)^n-\left(\frac{8}{9}\right)^n+\left(\frac{4}{9}\right)^n \text{ 答}
\end{aligned}$$

1 1個のさいころを続けて3回投げるとき, 出た目の最大値が4である確率を求めよ。

最大値が4となるのは,

「3回とも4以下の目が出る」かつ「少なくとも1回は4が出る」

場合であるから, 3回とも4以下の目が出る中で排反な事象に分けると,

㋐ 3回とも4の目　　　　　　　　　　　　　⎫
㋑ 2回は4の目, 1回は3以下の目　　　　　⎬ 最大値が4となる場合
㋒ 1回は4の目, 2回は3以下の目　　　　　⎭
㋓ 3回とも3以下の目 ◀———— 最大値が4とならない場合

となり, 今回求める事象は㋐〜㋒である。

よって, 求める確率は,

「3回とも ㋐ 4 以下の目が出る」確率

から

「3回とも ㋑ 3 以下の目が出る」確率

をひけばよいから,

$$\left(\frac{{}^{\text{ウ}}\;4}{6}\right)^3 - \left(\frac{{}^{\text{エ}}\;3}{6}\right)^3 = \frac{{}^{\text{オ}}\;37}{216} \text{答}$$

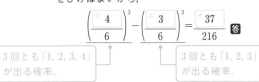

3回とも「1, 2, 3, 4」
が出る確率。

3回とも「1, 2, 3」
が出る確率。

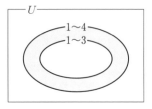

2 1〜10の番号が書かれた玉が入った袋から玉を1個取り出し, 番号を確認して元に戻す操作を3回行う。

(1) 取り出された玉に書かれた番号の最小値が3である確率を求めよ。

求める確率は,

「3回とも3以上が書かれた玉を取り出す」確率

から

「3回とも4以上が書かれた玉を取り出す」確率

をひけばよいから,

$$\left(\frac{8}{10}\right)^3 - \left(\frac{7}{10}\right)^3 = \frac{8^3 - 7^3}{10^3} = \frac{169}{1000} \text{答}$$

3回とも「3〜10」
を取り出す確率。

3回とも「4〜10」
を取り出す確率。

(2) 取り出された玉に書かれた番号の最大値が9である確率を求めよ。

求める確率は,

「3回とも9以下が書かれた玉を取り出す」確率

から

「3回とも8以下が書かれた玉を取り出す」確率

を引けばよいから,

$$\left(\frac{9}{10}\right)^3 - \left(\frac{8}{10}\right)^3 = \frac{9^3 - 8^3}{10^3} = \frac{217}{1000} \text{答}$$

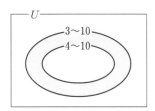

3回とも「1〜9」
を取り出す確率。

3回とも「1〜8」
を取り出す確率。

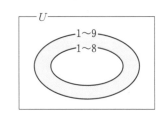

1 当たりくじを 10 本含む合計 100 本のくじが袋の中に入っている。A, B, C の 3 人がこの順に 1 本ずつくじをひく。ひいたくじは元に戻さないとき，次の確率を求めよ。

くじを全部ひいて，ひいた順に左から並べると考える。

(1) A が当たりくじをひく確率

1 番目に当たりが並んでいるときの確率であり，

$$\frac{10 \times 99!}{100!} = \frac{10 \times 99!}{100 \times 99!}$$

$$= \frac{10}{100} = \frac{1}{10} \ \text{答}$$

> 10 は「当」にどの当たりくじがくるか，「99!」は残りのくじの並べ方。

A B C
1 2 3 4 5 …
当 □ □ □ □ …
（□：何でもよい，当：当たり，は：はずれ））

(2) B が当たりくじをひく確率

2 番目に当たりが並んでいるときの確率であり，

$$\frac{10 \times 99!}{100!} = \frac{10 \times 99!}{100 \times 99!}$$

$$= \frac{10}{100} = \frac{1}{10} \ \text{答}$$

A B C
1 2 3 4 5 …
□ 当 □ □ □ …

(3) C が当たりくじをひく確率

3 番目に当たりが並んでいるときの確率であり，

$$\frac{10 \times 99!}{100!} = \frac{10 \times 99!}{100 \times 99!}$$

$$= \frac{10}{100} = \frac{1}{10} \ \text{答}$$

A B C
1 2 3 4 5 …
□ □ 当 □ □ …

(4) A がはずれくじをひき，B が当たりくじをひく確率

1 番目にはずれ，2 番目に当たりが並んでいるときの確率であり，

$$\frac{90 \times 10 \times 98!}{100!} = \frac{90 \times 10 \times 98!}{100 \times 99 \times 98!}$$

$$= \frac{90 \times 10}{100 \times 99} = \frac{1}{11} \ \text{答}$$

> 「90」は「は」にどのはずれくじがくるか，「10」は「当」にどの当たりくじがくるか。

A B C
1 2 3 4 5 …
は 当 □ □ □ …

(5) B が当たりくじをひき，C がはずれくじをひく確率

2 番目に当たり，3 番目にはずれが並んでいるときの確率であり，

$$\frac{10 \times 90 \times 98!}{100!} = \frac{10 \times 90 \times 98!}{100 \times 99 \times 98!}$$

$$= \frac{10 \times 90}{100 \times 99} = \frac{1}{11} \ \text{答}$$

A B C
1 2 3 4 5 …
□ 当 は □ □ …

CHALLENGE ジョーカーを 1 枚だけ含む 1 組 53 枚のトランプがある。カードを元に戻さずに 1 枚ずつ続けてひいていくとき，11 枚目にジョーカーが出る確率を求めよ。

トランプをすべて 1 列に並べることを考えると，11 番目にジョーカーが並んでいるときの確率であり，

$$\frac{1 \times 52!}{53!} = \frac{52!}{53 \times 52!}$$

$$= \frac{1}{53} \ \text{答}$$

> 「1」は「ジョ」にジョーカーがくる 1 通り。

1 2 3 … 10 11 12 …
□ □ □ … □ ジョ □ …
（□：何でもよい，ジョ：ジョーカー）

1 AさんとBさんが試験を受けて合格する確率がそれぞれ $\frac{1}{2}$, $\frac{3}{5}$ のとき，2人とも合格しない確率と，少なくとも1人が合格する確率を求めよ。

2人の試験結果は独立だから，2人とも合格しない確率は，

$$\frac{^{ア}1}{2}\times\frac{^{イ}2}{5}=\frac{^{ウ}1}{5}$$

少なくとも1人が合格する確率は，2人とも不合格であることの余事象の確率だから，

$$1-\frac{^{ウ}1}{5}=\frac{^{エ}4}{5}\ 答$$

> 色が塗られた部分が少なくとも1人合格する確率で，面積は全体10のうち8だから，
> $$\frac{8}{10}=\frac{4}{5}$$

CHALLENGE 赤玉3個，白玉3個が入っている袋Aと，白玉2個，青玉2個が入っている袋Bがある。それぞれの袋から2個ずつ合計4個の玉を取り出すとき，取り出した玉の色が3種類である確率を求めよ。

袋Aから赤玉2個を取り出す確率を $P(赤, 赤)$，赤玉1個，白玉1個を取り出す確率を $P(赤, 白)$，白玉2個を取り出す確率を $P(白, 白)$ とする。

袋Bから白玉2個を取り出す確率を $Q(白, 白)$，白玉1個，青玉1個を取り出す確率を $Q(白, 青)$，青玉2個を取り出す確率を $Q(青, 青)$ とする。

右の図のような，取り出す色の種類と確率と面積の関係を考える（長さなどは正しくない）。

$$P(赤, 赤)=\frac{^{エ}3C_2}{^{オ}6C_2}=\frac{3}{15}=\frac{1}{5},$$

$$P(赤, 白)=\frac{^{カ}3C_1\times^{キ}3C_1}{^{オ}6C_2}=\frac{9}{15}=\frac{3}{5},$$

$$Q(白, 青)=\frac{^{ク}2C_1\times^{ケ}2C_1}{^{コ}4C_2}=\frac{4}{6},$$

$$Q(青, 青)=\frac{^{サ}2C_2}{^{コ}4C_2}=\frac{1}{6}$$

よって，求める確率は，

$$P(赤, 赤)\times Q(白, 青)+P(赤, 白)\times Q\left(白, ^{シ}青\right)+P(赤, 白)\times Q\left(^{ス}青, ^{セ}青\right)$$

$$=\frac{1}{5}\times\frac{4}{6}+\frac{3}{5}\times\frac{4}{6}+\frac{3}{5}\times\frac{1}{6}$$

$$=\frac{^{ソ}19}{^{タ}30}\ 答$$

袋A

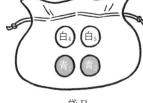

袋B

袋A \ 袋B	$Q(白, 白)$	$Q(白, 青)$	$Q(青, 青)$
$P(赤, 赤)$	2種類	3種類	2種類
$P(赤, 白)$	$^{ア}2$ 種類	$^{イ}3$ 種類	$^{ウ}3$ 種類
$P(白, 白)$	1種類	2種類	2種類

1 　赤玉 4 個, 白玉 2 個が入っている袋から, 玉を 1 個取り出して元に戻す操作をくり返す。このとき, 5 回目に 3 度目の赤玉が出る確率を求めよ。

　　1 回の操作で, 赤玉を取り出す確率は $\dfrac{\boxed{\text{ア }2}}{3}$,

白玉を取り出す確率は $\dfrac{\boxed{\text{イ }1}}{3}$

　　5 回目に 3 度目の赤玉が出るということは, 4 回目までに赤玉が $\boxed{\text{ウ }2}$ 回, 白玉が $\boxed{\text{エ }2}$ 回が取り出され, 5 回目に赤玉が取り出される場合であるから, 求める確率は,

$$\frac{\boxed{\text{オ }4}!}{\boxed{\text{カ }2}!\;\boxed{\text{キ }2}!}\times\left(\frac{\boxed{\text{ア }2}}{3}\right)^{\boxed{\text{ウ }2}}\left(\frac{\boxed{\text{イ }1}}{3}\right)^{\boxed{\text{エ }2}}\times\frac{\boxed{\text{ク }2}}{3}=\frac{\boxed{\text{ケ }16}}{\boxed{\text{コ }81}}\;\text{答}$$

赤玉を◎, 白玉を×としたときの◎◎××の並べ方。

4 回目までのサンプルの確率。

5 回目に赤玉を取り出す確率。

▶ 参考

$\dfrac{4!}{2!2!}$ の部分は, ◎◎××の並べ方なので,

　　1　2　3　4
　　□　□　□　□

の 4 か所から, ◎を並べる 2 か所の選び方「$_4C_2$」として求めてもよいです(◎を並べる場所を選べば, ×を並べる場所は 1 通りに決まります)。

CHALLENGE　　A と B がくり返し試合を行い, 先に 3 勝した方を優勝とする。A が勝つ確率は $\dfrac{2}{3}$, B が勝つ確率は $\dfrac{1}{3}$ で引き分けはないものとする。このとき, A が優勝する確率を求めよ。

(i)　A が 3 勝 0 敗で優勝するのは,
　　A が 3 連勝するときより,
$$\left(\frac{2}{3}\right)^3=\frac{8}{27}$$

(ii)　A が 3 勝 1 敗で優勝するのは,
　　3 試合目までに A が 2 勝 1 敗で,
　　4 試合目で A が勝つときより,
$$\frac{3!}{2!}\left(\frac{2}{3}\right)^2\left(\frac{1}{3}\right)\times\frac{2}{3}=\frac{8}{27}$$
　　$\underbrace{\phantom{\frac{3!}{2!}}}$◎◎×の並べ方

(iii)　A が 3 勝 2 敗で優勝するのは,
　　4 試合目までに A が 2 勝 2 敗で,
　　5 試合目で A が勝つときより,
$$\frac{4!}{2!2!}\left(\frac{2}{3}\right)^2\left(\frac{1}{3}\right)^2\times\frac{2}{3}=\frac{16}{81}$$
　　$\underbrace{\phantom{\frac{4!}{2!2!}}}$◎◎××の並べ方

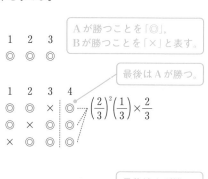

	1	2	3
	◎	◎	◎

A が勝つことを「◎」, B が勝つことを「×」と表す。

最後は A が勝つ。

	1	2	3	4
	◎	◎	×	◎
	◎	×	◎	◎
	×	◎	◎	◎

$\left(\dfrac{2}{3}\right)^2\left(\dfrac{1}{3}\right)\times\dfrac{2}{3}$

最後は A が勝つ。

	1	2	3	4	5
	◎	◎	×	×	◎
	◎	×	◎	×	◎
	×	◎	◎	×	◎

$\left(\dfrac{2}{3}\right)^2\left(\dfrac{1}{3}\right)^2\times\dfrac{2}{3}$

⋮

(i), (ii), (iii)より, 求める確率は,
$$\frac{8}{27}+\frac{8}{27}+\frac{16}{81}=\frac{64}{81}\;\text{答}$$

演習の問題 →本冊 P.59

1 数直線上を動く点Pがある。Pは最初原点にあり，さいころを投げて2以下の目が出たら正の方向に3だけ動き，3以上の目が出たら負の方向に2だけ動く。
さいころを6回投げた後に点Pが点3にある確率を求めよ。

さいころを投げて
2以下の目が出る事象をA，
3以上の目が出る事象をB
とすると，

$$P(A) = \frac{2}{6} = \frac{1}{3}$$

$$P(B) = \frac{4}{6} = \frac{2}{3}$$

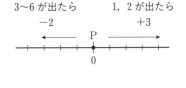

3〜6が出たら　　　　1，2が出たら
　　−2　　　　　　　　+3

事象Aがa回，事象Bがb回起こったとき，点Pが点3にあるとすると，

$$\begin{cases} a+b=6 \\ 3a-2b=3 \end{cases}$$

移動回数についての式。

最終の位置についての式。

これを解くと，

$$a=3, \ b=3$$

よって，求める確率は，

$$\underbrace{\frac{6!}{3!3!}}_{\substack{AAABBB \\ \text{の並べ方}}} \underbrace{\left(\frac{1}{3}\right)^3 \left(\frac{2}{3}\right)^3}_{\text{サンプルの確率}} = \frac{160}{729} \ \boxed{\text{答}}$$

CHALLENGE 座標平面上を動く点Pがある。Pは最初原点にあり，さいころを投げて1, 2の目が出たらx軸方向に+1だけ動き，3, 4の目が出たらy軸方向に+1だけ動き，5, 6の目が出たらx軸，y軸方向にそれぞれ−1ずつ動く。さいころを6回投げた後に点Pが原点にある確率を求めよ。

さいころを投げて，
1, 2の目が出る事象をA，
3, 4の目が出る事象をB，
5, 6の目が出る事象をC
とすると，

$$P(A) = P(B) = P(C) = \frac{1}{3}$$

事象Aがa回，事象Bがb回，事象Cがc回起こったとき，
点Pが原点にあるとすると，

$$\begin{cases} a+b+c=6 \\ a-c=0 \\ b-c=0 \end{cases}$$

移動回数についての式。

最終の位置のx座標についての式。

最終の位置のy座標についての式。

これを解くと，

$$a=b=c=2$$

よって，求める確率は

$$\underbrace{\frac{6!}{2!2!2!}}_{\substack{AABBCC \\ \text{の並べ方}}} \underbrace{\left(\frac{1}{3}\right)^2 \left(\frac{1}{3}\right)^2 \left(\frac{1}{3}\right)^2}_{\text{サンプルの確率}} = \frac{10}{81} \ \boxed{\text{答}}$$

1. 白玉 1 個, 赤玉 3 個が入った袋 A と, 白玉 4 個, 赤玉 2 個が入った袋 B がある。1 つのさいころを投げて, 2 以下の目が出たら袋 A を選び, 3 以上の目が出たら袋 B を選び, 選んだ袋から玉を 1 個取り出すことを考える。この試行を 1 回行って, 取り出された玉が赤玉であるとき, それが袋 A から取り出された確率を求めよ。

2 以下の目が出る事象を A,
3 以上の目が出る事象を B,
取り出された玉が赤玉である事象を R
とすると,

$$P(A \cap R) = \underbrace{\frac{2}{6}}_{P(A)} \cdot \underbrace{\frac{3}{4}}_{P_A(R)} = \frac{1}{4}$$

$$P(B \cap R) = \underbrace{\frac{4}{6}}_{P(B)} \cdot \underbrace{\frac{2}{6}}_{P_B(R)} = \frac{2}{9}$$

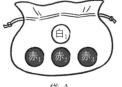

袋 A　　　　　　　袋 B

また,

$$P(R) = P(A \cap R) + P(B \cap R)$$
$$= \frac{1}{4} + \frac{2}{9} = \frac{17}{36}$$

よって, 求める確率は,

$$P_R(A) = \frac{P(A \cap R)}{P(R)} = \frac{\dfrac{1}{4}}{\dfrac{17}{36}} = \frac{9}{17}\ \text{答}$$

CHALLENGE　ある集団の 20% がウイルス X に感染している。ある試薬で検査をすると, 感染している人が誤って陰性と判定される確率が 10%, 感染していない人が誤って陽性と判定される確率が 5% であるという。

集団のある 1 人がウイルスに感染している事象を X, 試薬によって検査した結果, 陽性と判定される事象を A とすると,

$$P(X) = \frac{^{\mathcal{P}}\,20}{100}$$

$$P(\overline{X}) = \frac{^{\mathcal{A}}\,80}{100}$$

	陽性(A)	陰性($\overline{A}$)
感染している(X)	$P_X(A) = \dfrac{^{\mathcal{D}}\,90}{100}$	$P_X(\overline{A}) = \dfrac{^{\mathcal{I}}\,10}{100}$
感染していない($\overline{X}$)	$P_{\overline{X}}(A) = \dfrac{5}{100}$	$P_{\overline{X}}(\overline{A}) = \dfrac{^{\mathcal{A}}\,95}{100}$

(1) 集団のある 1 人を検査するとき陰性と判定される確率を求めよ。

$$P(\overline{A}) = P(X \cap \overline{A}) + P(\overline{X} \cap \overline{A})$$
$$= P(X) \times P_X(\overline{A}) + P(\overline{X}) \times P_{\overline{X}}(\overline{A})$$
$$= \frac{^{\mathcal{A}}\,20}{100} \cdot \frac{^{\mathcal{I}}\,10}{100} + \frac{^{\mathcal{A}}\,80}{100} \cdot \frac{^{\mathcal{D}}\,95}{100}$$
$$= \frac{^{\mathcal{I}}\,39}{50}\ \text{答}$$

(2) 検査の結果は陰性と判定されたが, 実際は感染している確率を求めよ。

$$P_{\overline{A}}(X) = \frac{P(\overline{A} \cap X)}{P(\overline{A})} = \frac{P(X) \times P_X(\overline{A})}{P(\overline{A})}$$

$$= \frac{\dfrac{^{\mathcal{P}}\,20}{100} \cdot \dfrac{^{\mathcal{A}}\,10}{100}}{\dfrac{^{\mathcal{I}}\,39}{50}} = \frac{^{\mathcal{D}}\,1}{39}\ \text{答}$$

1 2つのさいころX, Yがありどちらかを選んで1回投げるとき, さいころXは出た目の2倍の点数がもらえ, さいころYは3以下の目が出たときは0点, 4以上の目が出たときは出た目の3倍の点数がもらえる。X, Yのどちらを選んだほうが有利(より多くの点数が期待できる)か。

さいころX, Yそれぞれについての出る目と得点, 確率を表にすると次のようになる。

出る目	1	2	3	4	5	6
得点X	2	4	6	8	10	12
確率	$\frac{1}{6}$	$\frac{1}{6}$	$\frac{1}{6}$	$\frac{1}{6}$	$\frac{1}{6}$	$\frac{1}{6}$

さいころX

出る目	1	2	3	4	5	6
得点Y	0	0	0	12	15	18
確率	$\frac{1}{6}$	$\frac{1}{6}$	$\frac{1}{6}$	$\frac{1}{6}$	$\frac{1}{6}$	$\frac{1}{6}$

さいころY

さいころX, Yを選んだときの得点の期待値をそれぞれ$E(X)$, $E(Y)$とすると,

$$E(X)=2\times\frac{1}{6}+4\times\frac{1}{6}+6\times\frac{1}{6}+8\times\frac{1}{6}+10\times\frac{1}{6}+12\times\frac{1}{6}$$
$$=7$$

$$E(Y)=0\times\frac{1}{6}+0\times\frac{1}{6}+0\times\frac{1}{6}+12\times\frac{1}{6}+15\times\frac{1}{6}+18\times\frac{1}{6}$$
$$=\frac{15}{2}$$

$E(X)<E(Y)$より, さいころYを選んだほうが有利である。答

CHALLENGE 3枚の硬貨を同時に投げて, 表が3枚出たら120円, 2枚出たら70円をもらえ, 1枚のときは80円を, 1枚も出ないときは90円を支払うゲームがある。このゲームの参加料が10円であるとき, このゲームに参加することは得であるといえるか。

表が3枚出る, すなわち120円をもらえる確率は, $\left(\frac{1}{2}\right)^3=\frac{1}{8}$

表が2枚出る, すなわち70円をもらえる確率は, ${}_3C_2\left(\frac{1}{2}\right)^2\left(\frac{1}{2}\right)=\frac{3}{8}$

表が1枚出る, すなわち80円を支払う確率は, ${}_3C_1\left(\frac{1}{2}\right)\left(\frac{1}{2}\right)^2=\frac{3}{8}$

表が1枚も出ない, すなわち90円を支払う確率は, $\left(\frac{1}{2}\right)^3=\frac{1}{8}$

よって, もらえる金額をX円とすると, 次のような表ができる。

Xの値	120	70	-80	-90	計
確率	$\frac{1}{8}$	$\frac{3}{8}$	$\frac{3}{8}$	$\frac{1}{8}$	1

ゆえに, もらえる金額の期待値$E(X)$は,

$$E(X)=120\times\frac{1}{8}+70\times\frac{3}{8}+(-80)\times\frac{3}{8}+(-90)\times\frac{1}{8}$$
$$=0(円)$$

参加料が10円であるため, このゲームに参加することは得であるといえない(損である)。答

1 外角の二等分線と辺の比の性質が成り立つことを証明する。以下の空欄をうめよ。

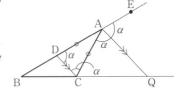

点Cを通り，直線AQに平行な直線と辺ABとの交点をDとする。また，辺ABのAの方への延長線上に点Eをとる。また，∠EAQ＝∠CAQ＝α とおく。

AQ∥DCであり，平行線の同位角は等しいので，

$$∠\boxed{^{ア}\textbf{ADC}}＝∠EAQ＝α \quad …①$$

平行線の錯角は等しいので，

$$∠\boxed{^{イ}\textbf{ACD}}＝∠CAQ＝α \quad …②$$

①，②より，$∠\boxed{^{ア}\textbf{ADC}}＝∠\boxed{^{イ}\textbf{ACD}}$ であるから，

$△\boxed{^{ウ}\textbf{ACD}}$ は二等辺三角形であり，AD＝$\boxed{^{エ}\textbf{AC}}$ …③ である。

また，AQ∥DCより，平行線と線分の比の関係から，

$$BQ：QC＝\boxed{^{オ}\textbf{BA}}：AD \quad …④$$

③，④より，

$$BQ：QC＝\boxed{^{オ}\textbf{BA}}：\boxed{^{エ}\textbf{AC}}$$

したがって，外角の二等分線と線分の比についての性質が成り立つ。 **答**

CHALLENGE △ABCにおいて，辺BCの中点をMとし，∠AMBの二等分線と辺ABの交点をD，∠AMCの二等分線と辺ACの交点をEとする。このとき，DE∥BCとなることを証明せよ。

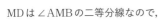

MDは∠AMBの二等分線なので，

$$AD：DB＝MA：MB \quad …①$$

MEは∠AMCの二等分線なので，

$$AE：EC＝MA：MC \quad …②$$

MはBCの中点なので，

$$MB＝MC \quad …③$$

①，②，③より，

$$\begin{aligned}AD：DB&＝MA：MB\\&＝MA：MC\\&＝AE：EC\end{aligned}$$

平行線と線分の比の関係より，

DE∥BC ［証明終わり］**答**

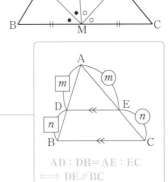

$$AD：DB＝AE：EC$$
$$\Longleftrightarrow DE∥BC$$

1 △ABCの辺の長さや角の大小関係について, 次の問いに答えよ。

(1) $a=8$, $b=7$, $c=5$ である△ABCの3つの角の大小を調べよ。

3辺 a, b, c の大小を比較すると,

$$\boxed{^{ア}\ a} > \boxed{^{イ}\ b} > c$$

よって, 3つの角の大小は,

$$\angle\boxed{^{ウ}\ A} > \angle\boxed{^{エ}\ B} > \angle\boxed{^{オ}\ C}\ \text{答}$$

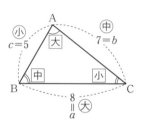

(2) $\angle A=40°$, $\angle B=60°$ である△ABCの3つの辺の長さの大小を調べよ。

$$\angle C=180°-(\angle A+\angle B)=\boxed{^{カ}\ 80}\ °$$

よって, 3つの角の大小は,

$$\angle\boxed{^{キ}\ C} > \angle\boxed{^{ク}\ B} > \angle\boxed{^{ケ}\ A}$$

したがって, 3つの辺の長さの大小は,

$$\boxed{^{コ}\ c} > \boxed{^{サ}\ b} > \boxed{^{シ}\ a}\ \text{答}$$

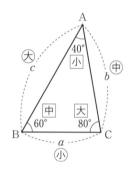

CHALLENGE　次のような△ABCについて, 3辺の長さ a, b, c の大小を調べよ。

(1) $\angle A=100°$, $b=5$, $c=6$

∠Aは鈍角より, ●────

　　∠A>∠Bかつ∠A>∠C

であるから,

　　$a>b$かつ$a>c$

$b=5$, $c=6$ より,

　　$c>b$

よって, 3辺の長さの大小は,

　　$a>c>b$　答

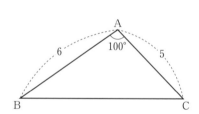

鈍角は90°より大きく
180°より小さい角。

(2) $\angle A>90°$, $\angle A=2\angle B$

∠A=2∠Bより,

　　$2\angle B>90°$

　　$\angle B>45°$

よって,

　　$\angle A+\angle B>90°+45°=135°$

　　$\angle A+\angle B=180°-\angle C$

より,

　　$180°-\angle C>135°$

したがって,

　　$\angle C<45°$

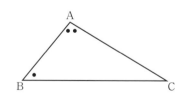

$90°<\angle A<180°$
$45°<\angle B<90°$
$0°<\angle C<45°$

以上から, ∠A>∠B>∠Cであるので, 3辺の長さの大小は,

　　$a>b>c$　答

1 3辺が次のような長さの三角形は存在するか。

① 2, 8, 9

    2+8>9,

    8+9>2,

    9+2>8

が成り立つので, このような三角形は**存在する**。答

② 4, 6, 10

    4+6=10 となり,

    (2辺の長さの和)＞(残りの1辺の長さ)が

    成り立たないので, このような三角形は

    存在しない。答

2 三角形の3辺の長さが a, 5, 8 となるような, a のとり得る値の範囲を求めよ。

a は三角形の辺の長さだから, $a>\boxed{0}$ …① である。

三角形の成立条件より,

$$\begin{cases} 5+8>\boxed{a} \\ a+\boxed{8}>5, \text{ すなわち,} \\ \boxed{5}+a>8 \end{cases} \begin{cases} a<\boxed{13} & \cdots② \\ a>\boxed{-3} & \cdots③ \\ a>\boxed{3} & \cdots④ \end{cases}$$

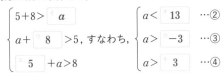

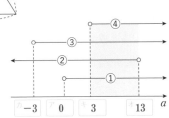

よって, 求める a のとり得る値の範囲は,

$$\boxed{3}<a<\boxed{13} \quad 答$$

CHALLENGE 三角形の成立条件は, 以下のように表すこともできることを証明せよ。

> 正の数 a, b, c （ただし, $a>b$ かつ $a>c$）を3辺とする三角形が存在する条件は,
> $$\underbrace{a}_{\text{最大辺}} < \underbrace{b+c}_{\text{残り2辺の和}}$$
> が成り立つことである。

【証明】

$a>b$ より,

    $c+a>c+b>\boxed{b}$ …①

$a>c$ より,

    $a+\boxed{b}>c+\boxed{b}>\boxed{c}$ …②

①, ②と $a<b+c$ を合わせると,

    $b+c>a$ かつ $c+a>b$ かつ $a+b>c$

が成り立つので, a, b, c を3辺とする三角形は存在する。 ［証明終わり］答

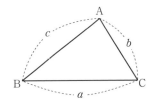

▶参考

今回の証明から, 正の数 a, b, c （ただし, $a>b$ かつ $a>c$）を3辺とする三角形において,

$$\begin{cases} b+c>a \\ c+a>b \iff \underbrace{a}_{\text{最大辺}} < \underbrace{b+c}_{\text{残り2辺の和}} \\ a+b>c \end{cases}$$

が成り立つことがわかります。

演習の問題 →本冊 P.71

1 右の図について，BP：PCを求めよ。

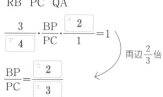

チェバの定理より，

$$\frac{AR}{RB} \cdot \frac{BP}{PC} \cdot \frac{CQ}{QA} = 1$$

$$\frac{3}{^{\text{ア}}\boxed{4}} \cdot \frac{BP}{PC} \cdot \frac{^{\text{イ}}\boxed{2}}{1} = 1$$

両辺 $\frac{2}{3}$ 倍

$$\frac{BP}{PC} = \frac{^{\text{ウ}}\boxed{2}}{^{\text{エ}}\boxed{3}}$$

よって，

$$BP : PC = {}^{\text{ウ}}\boxed{2} : {}^{\text{エ}}\boxed{3} \quad \text{答}$$

2 △ABCの辺ABを2：3に内分する点をR，辺BCを5：2に内分する点をPとし，APとCRの交点をXとして，直線BXと辺ACの交点をQとする。このとき，CQ：QAを求めよ。

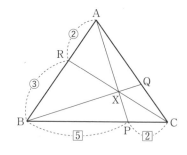

チェバの定理より，

$$\frac{AR}{RB} \cdot \frac{BP}{PC} \cdot \frac{CQ}{QA} = 1$$

$$\frac{2}{3} \cdot \frac{5}{2} \cdot \frac{CQ}{QA} = 1$$

$$\frac{CQ}{QA} = \frac{3}{5}$$

よって，

$$CQ : QA = 3 : 5 \quad \text{答}$$

▶ 参考

今回のように，線分の長さはわかっていないが，線分の長さの比がわかっているときもチェバの定理は有効です。

$$AR : RB = 2 : 3 \text{ より，} \frac{AR}{RB} = \frac{2}{3}$$

です。

 △ABCにおいて，辺BCの中点をMとし，線分AM上に点Oをとる。2直線BO，COと辺AC，ABの交点をそれぞれQ，Rとするとき，QR∥BCであることを証明せよ。

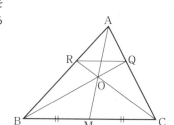

MはBCの中点なので，

$$BM : MC = 1 : 1$$

チェバの定理より，

$$\frac{AR}{RB} \cdot \frac{BM}{MC} \cdot \frac{CQ}{QA} = 1$$

$$\frac{AR}{RB} \cdot \frac{1}{1} \cdot \frac{CQ}{QA} = 1$$

よって，$\dfrac{AR}{RB} = \dfrac{AQ}{QC}$ であるから，

$$AR : RB = AQ : QC$$

平行線と線分の比の関係より，QR∥BCである。

[証明終わり] 答

Chapter 3
28講 | メネラウスの定理

演習 の問題 ➡本冊 P.73

1 右の図において, AR：RB＝2：5, BC：CP＝4：3であるとき, CQ：QA を求めよ。

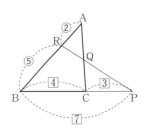

メネラウスの定理より,

$$\frac{CQ}{QA}\cdot\frac{AR}{RB}\cdot\frac{BP}{PC}=1$$

$$\frac{CQ}{QA}\cdot\frac{2}{\boxed{{}^{ア}5}}\cdot\frac{\boxed{{}^{イ}7}}{\boxed{{}^{ウ}3}}=1$$

よって, $\dfrac{CQ}{QA}=\dfrac{\boxed{{}^{エ}15}}{\boxed{{}^{オ}14}}$ より,

CQ：QA＝$\boxed{{}^{エ}15}$：$\boxed{{}^{オ}14}$ **答**

2 右の△ABCにおいて, AQ：QC＝2：1, BP：PC＝3：2であるとき, PO：OAを求めよ。

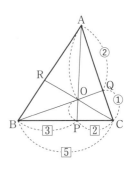

メネラウスの定理より,

$$\frac{PO}{OA}\cdot\frac{AQ}{QC}\cdot\frac{CB}{BP}=1$$

$$\frac{PO}{OA}\cdot\frac{2}{1}\cdot\frac{5}{3}=1$$

$$\frac{PO}{OA}=\frac{3}{10}$$

よって,

PO：OA＝3：10 **答**

CHALLENGE メネラウスの定理の証明について, 次の空欄に入る線分をうめよ。

頂点Cを通ってlに平行な直線を引き, 直線ABとの交点をSとする。また, RB＝x, RS＝y, RA＝zとおく。平行線と線分の比の関係から,

△BPRについて, BP：PC＝$\boxed{{}^{ア}BR}$：$\boxed{{}^{イ}RS}$ より,

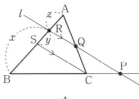

$$\frac{BP}{PC}=\frac{\boxed{{}^{ア}BR}}{\boxed{{}^{イ}RS}}=\frac{x}{y}$$

△ASCについて, CQ：QA＝$\boxed{{}^{ウ}SR}$：$\boxed{{}^{エ}RA}$

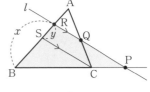

$$\frac{CQ}{QA}=\frac{\boxed{{}^{ウ}SR}}{\boxed{{}^{エ}RA}}=\frac{y}{z}$$

また, $\dfrac{AR}{RB}=\dfrac{z}{x}$ より,

$$\frac{BP}{PC}\cdot\frac{CQ}{QA}\cdot\frac{AR}{RB}=\frac{x}{y}\cdot\frac{y}{z}\cdot\frac{z}{x}=1$$

であるから, メネラウスの定理は成り立つ。

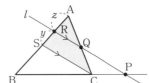

［証明終わり］**答**

1 次の図において, 4点A, B, C, Dは同一円周上にあるかどうか調べよ。

(1)
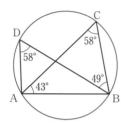

(2)
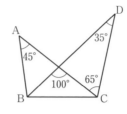

(1) 点C, Dは直線 ^{ア} **AB** に関して同じ側にあり,

$$\angle ADB = \angle ^{\text{イ}}\text{ACB} \ (=58°)$$

が成り立つので, 4点A, B, C, Dは同一円周上に ^{ウ} **ある** 。答

(2) 点A, Dは直線 ^{エ} **BC** に関して同じ側にあるが,

$$\angle BAC = 45°, \ \angle BDC = 100° - 65° = \boxed{^{\text{オ}}\ 35}°\ (\angle BAC \neq \angle BDC)$$

となるので, 4点A, B, C, Dは同一円周上に ^{カ} **ない** 。答

2 右の図において, 4点A, B, C, Dは同一円周上にあるかどうか調べよ。

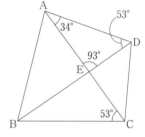

△ADEについて,

$$\begin{aligned}\angle ADE &= 180° - (34° + 93°) \\ &= 53°\end{aligned}$$

である。

点C, Dは直線ABに関して同じ側にあり,

$$\angle ADB = \angle ACB \ (=53°)$$

をみたす。

よって, **4点A, B, C, Dは同一円周上にある。**答

CHALLENGE 右の図において, 角 x, y を求めよ。

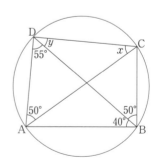

点A, Bは直線CDに関して同じ側にあり,

$$\angle CAD = \angle CBD \ (=50°)$$

をみたすので, 4点A, B, C, Dは同一円周上にある。

したがって, 円周角の定理より,

$$x = \angle ACD = \angle ABD = 40°$$

△ACDについて, 三角形の内角の和は $180°$ より,

$$50° + (55° + y) + 40° = 180°$$

$$y = 35° \ 答$$

1 次の四角形ABCDは円に内接するか調べよ。

(1)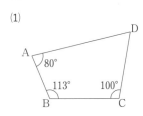

(2)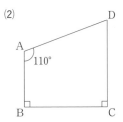

(3)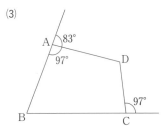

(1) ∠A＋∠C＝ $\boxed{180}$ °なので, 四角形ABCDは円に内接 $\boxed{する}$ 。 答

(2) ∠A＋∠C＝ $\boxed{200}$ °(≒180°)なので, 四角形ABCDは円に内接 $\boxed{しない}$ 。 答

(3) ∠A＝ $\boxed{97}$ °であり, これは∠Cの外角と $\boxed{等しい}$ ので, 四角形ABCDは円に内接 $\boxed{する}$ 。 答

2 鋭角三角形ABCにおいて, 辺BC, CA, ABの中点を, それぞれD, E, Fとすると, △AFE, △BDF, △CEDの外接円は, どれも△ABCの外心Oを通ることを証明せよ。

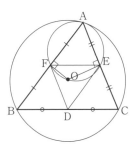

Oは△ABCの外心より, 線分AC, ABの垂直二等分線上にあるから,

∠OEA＝∠OFA＝ $\boxed{90}$ °

よって, ∠OEA＋∠OFA＝ $\boxed{180}$ °であるから, 四角形AFOEは円に内接する。すなわち, △AFEの外接円は, △ABCの外心Oを通る。

同様に, △BDF, △CEDの外接円も△ABCの外心Oを通る。

[証明終わり] 答

CHALLENGE　AD∥BCである台形ABCDにおいて, ∠ABC＝∠BCD＝xであるとき, この台形は円に内接することを証明せよ。

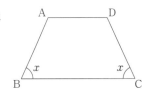

線分ADをAの側にのばした延長線上に点Eをとる。
AD∥BCより, 平行線の錯角は等しいから,

∠EAB＝∠ABC＝x

よって,

∠BCD＝∠BAE　（∠BCDの向かい合う角の外角）

したがって, 台形ABCDは円に内接する。

[証明終わり] 答

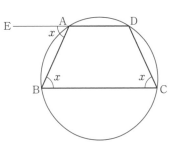

31

1 次の図の4点A, B, C, Dは同一円周上にあるか調べよ。

(1)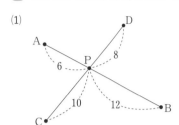

(2)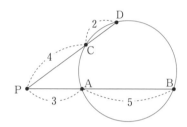

(1)　PA×PB=☐ア **72** , PC×PD=☐イ **80**

　　PA×PB ☐ウ **≠** PC×PD

　　であるから, 4点A, B, C, Dは同一円周上に ☐エ **ない** 。答

(2)　PA×PB=☐オ **24** , PC×PD=☐カ **24**

　　PA×PB ☐キ **=** PC×PD

　　であるから, 4点A, B, C, Dは同一円周上に ☐ク **ある** 。答

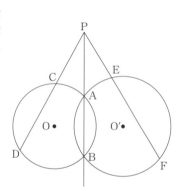

CHALLENGE　2つの円O, O′は2点A, Bで交わる。直線AB上の点Pから右の図のように直線を2つひき, 円Oとの交点をC, D, 円O′との交点をE, Fとする。このとき, 4点C, D, E, Fは同一円周上にあることを証明する。以下の空欄をうめよ。

　円Oについて, 方べきの定理より,

　　　PA×☐ア **PB** =☐イ **PC** ×PD　…①

　円O′について, 方べきの定理より,

　　　PA×☐ア **PB** =PE×☐ウ **PF**　…②

　①, ②より,

　　　☐イ **PC** ×PD=PE×☐ウ **PF**

　よって, 4点C, D, E, Fは同一円周上にある。　[証明終わり] 答

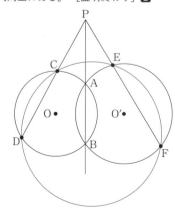

1 次の図において, 直線PTは△ABTの外接円の接線であるかどうか調べよ。

(1)
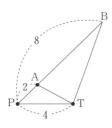

(2)
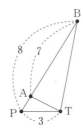

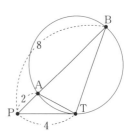

(1)　PA×PB=$\boxed{\,16}$, PT^2=$\boxed{\,16}$ より,

　　　PA×PB$\boxed{\,=}$PT^2

　　よって, 直線PTは△ABTの外接円の接線で$\boxed{\text{ある}}$。**答**

(2)　PA×PB=$\boxed{\,8}$, PT^2=$\boxed{\,9}$ より,

　　　PA×PB$\boxed{\,\neq}$PT^2

　　よって, 直線PTは△ABTの外接円の接線で$\boxed{\text{ない}}$。**答**

CHALLENGE　右の図のように交わらない2つの円があり, その中心をA, Bとする。直線lは2円の共通接線であり, 円A, 円Bとの接点をそれぞれC, Dとおく。さらに, 線分CDの中点をMとし, Mを通る直線と円Aの交点をE, Fとする。このとき, 3点D, E, Fを通る円は点Dでlに接することを示す。以下の空欄をうめよ。

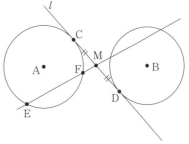

円Aについて方べきの定理より,

　　$\boxed{\,\text{MC}}^2$=ME・$\boxed{\,\text{MF}}$

　　$\boxed{\,\text{MC}}=\boxed{\text{MD}}$ より,

　　$\boxed{\,\text{MD}}^2$=ME・$\boxed{\,\text{MF}}$　…①

　　点Mは△$\boxed{\,\text{DEF}}$の辺$\boxed{\,\text{EF}}$の延長上にあり, ①より,

　　直線$\boxed{\,\text{MD}}$は△$\boxed{\,\text{DEF}}$の外接円に点$\boxed{\,\text{D}}$で接する。

　　したがって, 3点D, E, Fを通る円は点Dでlに接する。

[証明終わり] **答**

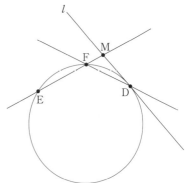

1 右の図において、直線 l は 2 つの円 O, P の共通接線であり、A, B は円との接点である。このとき、線分 AB の長さを求めよ。

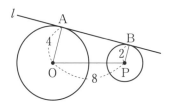

点 P から線分 OA に垂線を下ろし、その交点を H とする。
四角形 ABPH は長方形より、

$$AB = {}^{ア}\boxed{PH}$$

$$OH = OA - AH$$

$$= {}^{イ}\boxed{4} - {}^{ウ}\boxed{2}$$

$$= {}^{エ}\boxed{2}$$

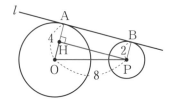

また、$\angle OHP = {}^{オ}\boxed{90}°$ であるから、△OPH で三平方の定理より、
$OP^2 = OH^2 + PH^2$ が成り立ち、

$${}^{カ}\boxed{8}{}^2 = {}^{エ}\boxed{2}{}^2 + PH^2$$

$$PH^2 = {}^{キ}\boxed{60}$$

PH > 0 より、

$$PH = {}^{ク}\boxed{2\sqrt{15}}$$

よって、

$$AB = PH = {}^{ケ}\boxed{2\sqrt{15}} \quad 答$$

CHALLENGE 右の図において、直線 l は 2 つの円 O, P の共通接線であり、A, B は円との接点である。このとき、線分 AB の長さを求めよ。

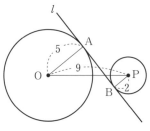

線分 OA を A の側に延長した直線に、点 P から垂線を下ろし、その交点を H とする。四角形 ABPH は長方形より、

$$AB = PH$$

$$OH = OA + AH = OA + BP = 5 + 2 = 7$$

△OPH で三平方の定理より、

$$OP^2 = OH^2 + PH^2$$

$$9^2 = 7^2 + PH^2$$

$$PH^2 = 32$$

PH > 0 より、

$$PH = 4\sqrt{2}$$

よって、

$$AB = PH = 4\sqrt{2} \quad 答$$

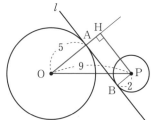

1 以下の線分ABに, 線分ABを 2：3 に内分する点Pを作図せよ。

① 半直線AXをひく。

② Aを中心とする適当な半径の円をかき, AXとの交点をA_1とする。

③ A_1を中心とし②と等しい半径の円をかき, AXとの交点をA_2とする。これをA_5までくり返す。

④ A_2を通り直線A_5Bに平行な直線をひくと, 線分ABとの交点が求める点Pである。

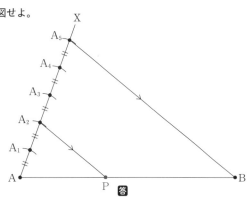

2 1 の平行線の作図方法が正しい理由を考える。以下の空欄をうめよ。

Pを中心として半径ABの円をかいたので,

PQ＝ ^{ア} **AB** …①

Bを中心として半径APの円をかいたので,

BQ＝ ^{イ} **AP** …②

①, ②より, 四角形ABQPは ^{ウ} **平行四辺形** であるから,

直線PQは直線lと平行になる。答

CHALLENGE 点Oを中心とする円Cと, 円の外部の点Aが与えられているとき, Aを通りCに接する2本の接線を作図する方法は次のとおりである。以下の空欄をうめよ。

① 線分AOの垂直二等分線をひき, 線分AOとの交点をMとする。

② Mを中心としてA, Oを通る円をかき, 円Cとの交点をP, Qとする。

③ 直線AP, AQをひくと, これが求める2接線である。

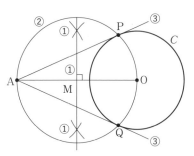

【証明】

PはAOを直径とする円周上の点より,

∠APO＝ ^{ア} **90** °

また, Pは円C上の点であるので, 直線APは円Cの接線である。

直線AQについても同様である。

［証明終わり］答

1　長さが $1, \sqrt{3}, \sqrt{5}$ の線分を用いて, 長さが $\sqrt{15}$ の線分を作図せよ。

①　同一直線上に, $\mathrm{OP}=1$, $\mathrm{PQ}=\sqrt{3}$ となる
　　3点 O, P, Q をこの順にとる。

②　O を通り, 直線 OP とは異なる直線 l を引き,
　　l 上に $\mathrm{OR}=\sqrt{5}$ となる点 R をとる。

③　点 Q を通り, 直線 PR に平行な直線を引き,
　　l との交点を S とする。
　　このときの線分 RS の長さが $\sqrt{15}$ となる。

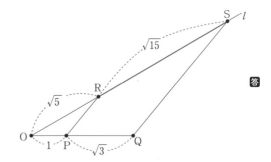

答

2　長さが ab の線分の作図方法が, ①のようにできることを証明する。以下の空欄をうめよ。

　　右の図において, PR∥QS より,
　　　$\mathrm{OP} : \mathrm{PQ} = \boxed{^{ア}\ \mathbf{OR}} : \mathrm{RS}$
　　$\mathrm{OP}=1$, $\mathrm{OR}=b$, $\mathrm{PQ}=a$ より,
　　　$\boxed{^{イ}\ \mathbf{1}} : a = \boxed{^{ウ}\ \mathbf{b}} : \mathrm{RS}$
　　よって,
　　　$\mathrm{RS}=ab$ 答

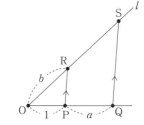

CHALLENGE　長さが $\dfrac{a}{b}$ の線分の作図方法が, ②のようにできることを証明せよ。

　　右の図において, PR∥QS より,
　　　$\mathrm{OP} : \mathrm{PQ} = \mathrm{OR} : \mathrm{RS}$
　　$\mathrm{OP}=b$, $\mathrm{PQ}=a$, $\mathrm{OR}=1$ より,
　　　$b : a = 1 : \mathrm{RS}$
　　　$b \times \mathrm{RS} = a$
　　よって,
　　　$\mathrm{RS}=\dfrac{a}{b}$ ［証明終わり］答

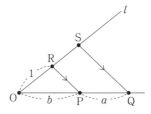

アドバイス

2　**CHALLENGE** から,

　　積 ab 　⇨　$1 : a = b : \mathrm{RS}$
　　商 $\dfrac{a}{b}$ 　⇨　$b : a = 1 : \mathrm{RS}$

となるように線分 RS を作図すればよいということですね。

1 以下の長さ 1, 3 の 2 つの線分を用いて，長さが $\sqrt{3}$ である線分を作図せよ。

‾‾‾‾1‾‾‾   ‾‾‾‾‾‾3‾‾‾‾‾‾

① 同一直線上に，AB＝3，BC＝1 となる
　3 点 A，B，C をこの順にとる。

② 線分 AC の垂直二等分線と AC との交点を O とし，
　O を中心として半径 OA の円をかく。

③ B を通り，直線 AC に垂直な直線をひき，
　②の円との交点の 1 つを P とすると，
　線分 BP が長さ $\sqrt{3}$ の線分となる。

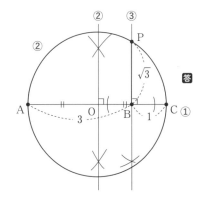

答

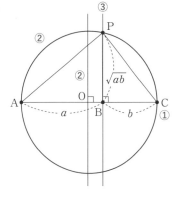

CHALLENGE　　長さ a, b の 2 つの線分が与えられたとき，長さが $\sqrt{ab}$ である線
　　　　　　分を作図する方法は次のとおりである。

① 同一直線上に，AB＝a，BC＝b となる
　3 点 A，B，C をこの順にとる。

② 線分 AC の垂直二等分線と AC との交点を O とし，
　O を中心として半径 OA の円をかく。

③ B を通り，直線 AC に垂直な直線をひき，
　②の円との交点の 1 つを P とすると，
　線分 BP が求める線分である。
　この方法が正しいことを証明する。以下の空欄をうめよ。

　直線 PB と円との 2 交点のうち P でない方を Q とする。
方べきの定理より，

$$\text{BA} \cdot \boxed{\text{BC}}^{ア} = \boxed{\text{BP}}^{イ} \cdot \text{BQ}$$

BA＝a，BC＝b，BP＝BQ であるから，

$$\boxed{ab}^{ウ} = \boxed{\text{BP}}^{エ\,2}$$

BP＞0 より，
　　BP＝$\sqrt{ab}$ 答

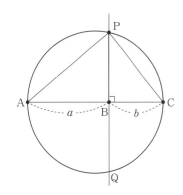

Chapter 3
37講 | 2直線の位置関係

演習の問題 →本冊 P.91

1 右の図の立方体について, 次の問いに答えよ。

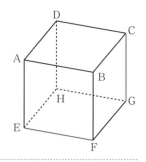

(1) 辺CGと平行な辺を求めよ。

辺AE, 辺BF, 辺DH 答

(2) 辺EFと直交する辺を求めよ。

辺AE, 辺BF, 辺EH, 辺FG 答

▶参考

辺DH, CG, AD, BCも辺EFと「垂直」ではあるが, 交わっていないので,「直交」してはいない。

---

(3) 2直線BG, EHのなす角を求めよ。

2直線BG, EHのなす角は, 2直線BG, FGのなす角,
すなわち∠BGFに等しい。
　△BFGは直角二等辺三角形なので, なす角は
　　45° 答

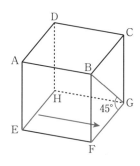

CHALLENGE 右の図のような直方体について, 次の2直線のなす角をそれぞれ求めよ。

(1) 直線AHと直線FG

2直線AH, FGのなす角は, 2直線AH, EHのなす角,
すなわち∠AHEに等しい。
　△AEHは直角二等辺三角形なので, なす角は
　　45° 答

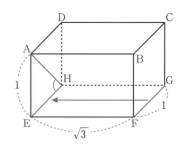

(2) 直線BEと直線HG

2直線BE, HGのなす角は, 2直線BE, EFのなす角,
すなわち∠BEFに等しい。
　△BEFはBF : BE : EF = 1 : 2 : $\sqrt{3}$ の直角三角形より,
∠BEF = 30°であるから, 直線BEとHGのなす角は
　　30° 答

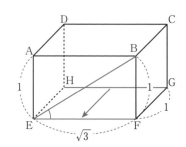

1　次の**ア〜エ**で，その点や直線を含む平面がただ1つに決まるものをすべて選べ。1つに決まらない場合は，できない例を図で示せ。

ア　異なる3点で交わる3直線を含む平面
イ　2直線を含む平面
ウ　1点で交わる3直線を含む平面
エ　直線とその直線上にない2点を含む平面

ア　異なる3点で交わる3直線を含む
　　平面はただ1つに決まる。

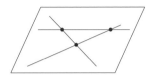

イ　2直線がねじれの位置
　　の場合決定できない。

ウ　交わる2直線で決定される
　　平面にもう1つの直線が含ま
　　れない場合は決定できない。

エ　直線と1点で決定される
　　平面にもう1つの点が含ま
　　れない場合は決定できない。

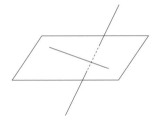

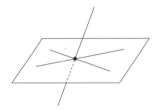

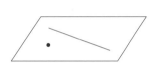

以上より，平面がただ1つに決まるものは
　　ア 答

CHALLENGE　異なる3点A，B，Cを含む平面は1つに決定できる場合もあるが，決定できない場合もある。3点A，B，Cを含む平面が決定できない例はどのような場合か。

　3点が同一直線上にある場合は平面が決定できない。
　3点A，B，Cが同一直線上にない場合は決定できるが，
3点A，B，Cが同一直線上にある場合は右の図のように
3点を含むさまざまな平面が考えられる。答

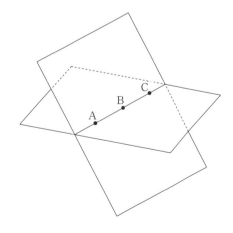

1 平面 α 上にない点 P があり，また平面 α 上の直線 l 上に点 A，平面 α 上で直線 l 上にない点 O をとる。PO $\perp \alpha$，PA $\perp l$ ならば OA $\perp l$ となることを示せ。

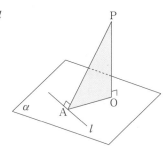

PO $\perp \alpha$ より，PO は α 上のすべての直線と垂直になるので，

PO $\perp$ ⟨ア l ⟩ である。また PA $\perp l$ でもあるから，

平面 ⟨イ **AOP** ⟩ は ⟨ウ l ⟩ と垂直になる。

OA は平面 AOP 上にあるので，OA $\perp l$ が成り立つ。 **答**

2 平面 α 上にない点 P があり，また平面 α 上の直線 l 上に点 A，平面 α 上で直線 l 上にない点 O をとる。PA $\perp l$，AO $\perp l$，PO $\perp$ AO ならば PO $\perp \alpha$ となることを示せ。

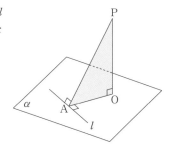

PA $\perp l$ かつ AO $\perp l$ なので，平面 ⟨ア **AOP** ⟩ は ⟨イ l ⟩ と垂直になる。

よって，PO $\perp$ ⟨ウ l ⟩ である。

また，PO $\perp$ OA より，PO は平面 α 上の平行でない ⟨エ **2** ⟩ つの直線と垂直であるので，PO $\perp \alpha$ が成り立つ。 **答**

CHALLENGE　空間内の異なる 2 つの直線 l, m と平面 α について，次の(1), (2)は常に成り立つかどうか答えよ。また，成り立たない場合はどのような場合か。

(1)　$l \perp \alpha$ かつ $m \perp \alpha$ ならば，$l /\!/ m$ である。

$l \perp \alpha$ かつ $m \perp \alpha$ ならば，$l /\!/ m$ は
常に成り立つ。 **答**

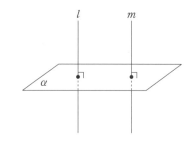

(2)　$l /\!/ \alpha$ かつ $m /\!/ \alpha$ ならば，$l /\!/ m$ である。

$l /\!/ \alpha$ かつ $m /\!/ \alpha$ でも，l と m がねじれの位置にある場合は，
$l /\!/ m$ は成り立たない。 **答**

1 右の図の立方体について，次の問いに答えよ。

(1) 面BFGCと平行な面はどれか。

　　面AEHD 答

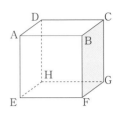

(2) 面BFGCと垂直な面はどれか。

　　面AEFB，面DABC，面DHGC，面EFGH 答

(3) 平面AEFBと平面BFGCのなす角を求めよ。

　　平面AEFBと平面BFGCのなす角は，辺ABと辺BCのなす角に等しいので，
　　90° 答

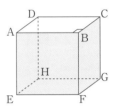

(4) 平面AEHDと平面DHFBのなす角を求めよ。

　　平面AEHDと平面DHFBのなす角は，辺ADと線分DBのなす角に等しいので，
　　45° 答

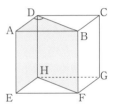

CHALLENGE　　右の図のような直方体について，それぞれ2平面のなす角を求めよ。

(1) 平面DABCと平面DEFC

　　平面DABCと平面DEFCのなす角は，
　　辺ADと線分DEのなす角に等しい。
　　　△AEDは
　　　　　$AE:AD:ED=1:1:\sqrt{2}$
　　の直角三角形より，
　　　　　$\angle ADE=45°$
　　よって，平面DABCと平面DEFCのなす角は
　　　　　45° 答

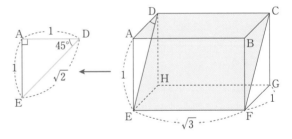

(2) 平面DABCと平面HEBC

　　平面DABCと平面HEBCのなす角は，
　　辺ABと線分BEのなす角に等しい。
　　　△AEBは
　　　　　$AE:EB:AB=1:2:\sqrt{3}$
　　の直角三角形より，
　　　　　$\angle ABE=30°$
　　よって，平面DABCと平面HEBCのなす角は
　　　　　30° 答

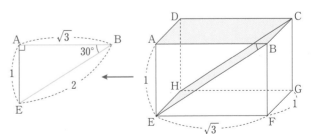

1 次の問いに答えよ。

(1) 3桁の自然数 35□ が2の倍数になるとき，□に入る数をすべて求めよ。

一の位が2の倍数であれば，35□ は2の倍数になるので，□に入る数は，

0, 2, 4, 6, 8 **答**

(2) 4桁の自然数 852□ が5の倍数になるとき，□に入る数をすべて求めよ。

一の位が5の倍数であれば，852□ は5の倍数になるので，□に入る数は，

0, 5 **答**

(3) 5桁の自然数 2847□ が4の倍数になるとき，□に入る数をすべて求めよ。

下2桁が4の倍数であれば，2847□ も4の倍数になるので，□に入る数は，

2, 6 **答**

CHALLENGE 次の問いに答えよ。

(1) ある自然数が3の倍数であるのは，その「各位の数の和が3の倍数」のときである。このことを4桁の自然数の場合を例にして説明する。以下の空欄をうめよ。

千の位が a，百の位が b，十の位が c，一の位が d である4桁の自然数 N は，

$$N = \boxed{{}^{\text{ア}}\,1000}\,a + \boxed{{}^{\text{イ}}\,100}\,b + \boxed{{}^{\text{ウ}}\,10}\,c + d$$

これを変形すると，

$$N = \boxed{{}^{\text{エ}}\,999}\,a + \boxed{{}^{\text{オ}}\,99}\,b + \boxed{{}^{\text{カ}}\,9}\,c + a + b + c + d$$

$$= 3\left(\boxed{{}^{\text{キ}}\,333}\,a + \boxed{{}^{\text{ク}}\,33}\,b + \boxed{{}^{\text{ケ}}\,3}\,c\right) + a + b + c + d$$

$3\left(\boxed{{}^{\text{キ}}\,333}\,a + \boxed{{}^{\text{ク}}\,33}\,b + \boxed{{}^{\text{ケ}}\,3}\,c\right)$ は $\boxed{{}^{\text{コ}}\,3}$ の倍数であるから，N が3の倍数となるのは，$a+b+c+d$，つまり N の各位の数の和が3の倍数のときである。**答**

(2) 5桁の自然数 4□7○5 の□と○に，それぞれ適当な数を入れると，3の倍数になる。このような自然数で最大のものを求めよ。

自然数 4□7○5 が3の倍数となるためには，

$$4 + □ + 7 + ○ + 5 = 16 + □ + ○ = 3 \times 5 + 1 + □ + ○$$

が3の倍数となればよく，□＋○が3でわった余りが2となるときである。

$$9 + 9 = 3 \times 6, \quad 9 + 8 = 3 \times 5 + 2$$

より，4□7○5 が3の倍数となる最大の5桁の自然数は，

49785 **答**

▶**参考**

ある自然数が9の倍数になる条件は，各位の数の和が9の倍数になることです。

千の位が a，百の位が b，十の位が c，一の位が d である4桁の自然数 N は，

$$N = 1000a + 100b + 10c + d$$

これを変形すると，

$$N = 999a + 99b + 9c + a + b + c + d$$

$$= 9(111a + 11b + c) + a + b + c + d$$

$9(111a + 11b + c)$ は9の倍数であるから，N が9の倍数となるのは，$a+b+c+d$，つまり N の各位の数の和が9の倍数となるときです。4桁でない場合も同様に証明することができます。

42講 | 約数の個数と総和

演習の問題 →本冊 P.101

1 次の数の正の約数の個数と正の約数の総和を求めよ。

(1)　324

(2)　540

(1)　324 を素因数分解すると,
$$324 = 2^2 \cdot 3^4$$
であるから, 正の約数の個数は,
$$(2+1)(4+1) = 3 \cdot 5$$
$$= 15 (個) \text{ 答}$$
正の約数の総和は,
$$(1+2+2^2)(1+3+3^2+3^3+3^4) = 7 \cdot 121$$
$$= 847 \text{ 答}$$

$(2+1) \times (4+1)$

▶**参考**

$$(1+2+2^2)(1+3+3^2+3^3+3^4) \quad \cdots(*)$$
$$= 1+3+3^2+3^3+3^4+2(1+3+3^2+3^3+3^4)+2^2(1+3+3^2+3^3+3^4)$$
$$= 1+3+3^2+3^3+3^4+2+2\cdot3+2\cdot3^2+2\cdot3^3+2\cdot3^4+2^2+2^2\cdot3+2^2\cdot3^2+2^2\cdot3^3+2^2\cdot3^4$$

のように展開すれば, 正の約数の総和になっていることがわかります。

$(1+2+2^2)$ から 1 つの項を取り出し, $(1+3+3^2+3^3+3^4)$ から 1 つの項を取り出してかけ合わせたものは $2^2\cdot3^4$ の正の約数です。展開すればすべての組合せが出るので, $(*)$ は $2^2\cdot3^4$ の正の約数の総和になっています。

---

(2)　540 を素因数分解すると,
$$540 = 2^2 \cdot 3^3 \cdot 5$$
であるから, 正の約数の個数は,
$$(2+1)(3+1)(1+1) = 3 \cdot 4 \cdot 2$$
$$= 24 (個) \text{ 答}$$
正の約数の総和は,
$$(1+2+2^2)(1+3+3^2+3^3)(1+5) = 7 \cdot 40 \cdot 6$$
$$= 1680 \text{ 答}$$

$(2+1) \times (3+1) \times (1+1)$

CHALLENGE　自然数 N がもつ素因数には 2 と 5 があり, それ以外の素因数はもたない。また, N の正の約数はちょうど 8 個あるという。このような自然数 N を求めよ。

$N = 2^a \cdot 5^b$ (a, b は正の整数) とおくと, N の正の約数の個数が 8 個であるから,
$$(a+1)(b+1) = 8 \quad \cdots①$$
が成り立つ。

$a \geqq 1$, $b \geqq 1$ より, $a+1 \geqq 2$, $b+1 \geqq 2$ であるので, ①が成り立つとき,
$$(a+1, b+1) = (2, 4), (4, 2)$$
である。

これより,
$$(a, b) = (1, 3), (3, 1)$$
よって, 求める N は,
$$N = 2^1 \cdot 5^3 = 250 \quad または \quad N = 2^3 \cdot 5^1 = 40 \text{ 答}$$

演習の問題 →本冊 P.103

1 縦 392 cm, 横 588 cm の長方形の床を, 1辺の長さが整数値のできるだけ大きな正方形のタイルですき間なく敷き詰めるとき, タイルの1辺の長さを求めよ。

　床の縦の長さと横の長さの最大公約数が
求めるタイルの1辺の長さである。

$392 = 2^3 \cdot 7^2$

$588 = 2^2 \cdot 3 \cdot 7^2$

であるから, 392 と 588 の最大公約数は,

$2^2 \cdot 7^2 = 196$

よって, 求めるタイルの1辺の長さは,

196 cm 答

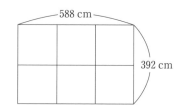

2 縦 225 cm, 横 675 cm, 高さ 150 cm の直方体にすき間なく詰められる立方体の1辺の長さの最大値を求めよ。

　直方体の縦の長さと横の長さと高さの最大公約数が
求める立方体の1辺の長さの最大値である。

$225 = 3^2 \cdot 5^2$

$675 = 3^3 \cdot 5^2$

$150 = 2 \cdot 3 \cdot 5^2$

であるから, 最大公約数は,

$3 \cdot 5^2 = 75$

よって, 求める立方体の1辺の長さの最大値は,

75 cm 答

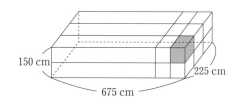

CHALLENGE　縦 63 cm, 横 84 cm のタイルを, 同じ向きに並べて, ある正方形をうめつくす。このとき, うめつくすことができる正方形のうち, 最も小さい正方形の1辺の長さを求めよ。また, そのときに使われるタイルの枚数を求めよ。

　タイルの縦と横の長さの最小公倍数が, うめつくすことができる正方形のうち, 最も小さい正方形の1辺の長さである。

$63 = 3^2 \cdot 7$

$84 = 2^2 \cdot 3 \cdot 7$

であるから, 最小公倍数は,

$2^2 \cdot 3^2 \cdot 7 = 252$

よって, 求める正方形の1辺の長さは

252 cm 答

$252 \div 63 = 4$

$252 \div 84 = 3$

より, 使われるタイルは, 縦に4枚ずつ, 横に3枚ずつであるから,

$4 \times 3 = 12 (枚)$ 答

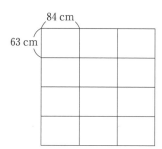

1 n は整数とする。n^2+n+1 は 5 の倍数ではないことを示せ。

k を整数とし，$P=n^2+n+1$ とする。

(i) $n=5k$ のとき

$$P=(5k)^2+5k+1$$
$$=25k^2+5k+1$$
$$=5(5k^2+k)+1$$

より，P は 5 の倍数でない。

> n が 5 の倍数($\cdots,\ -10,\ -5,\ 0,\ 5,\ 10,\ \cdots$)のとき，$P$ は 5 でわった余りが 1

(ii) $n=5k+1$ のとき

$$P=(5k+1)^2+(5k+1)+1$$
$$=25k^2+15k+3$$
$$=5(5k^2+3k)+3$$

より，P は 5 の倍数でない。

> n を 5 でわった余りが 1($\cdots,\ -9,\ -4,\ 1,\ 6,\ 11,\ \cdots$)のとき，$P$ は 5 でわった余りが 3

(iii) $n=5k+2$ のとき

$$P=(5k+2)^2+(5k+2)+1$$
$$=25k^2+25k+7$$
$$=5(5k^2+5k+1)+2$$

より，P は 5 の倍数でない。

> n を 5 でわった余りが 2($\cdots,\ -8,\ -3,\ 2,\ 7,\ 12,\ \cdots$)のとき，$P$ は 5 でわった余りが 2

(iv) $n=5k+3$ のとき

$$P=(5k+3)^2+(5k+3)+1$$
$$=25k^2+35k+13$$
$$=5(5k^2+7k+2)+3$$

より，P は 5 の倍数でない。

> n を 5 でわった余りが 3($\cdots,\ -7,\ -2,\ 3,\ 8,\ 13,\ \cdots$)のとき，$P$ は 5 でわった余りが 3

(v) $n=5k+4$ のとき

$$P=(5k+4)^2+(5k+4)+1$$
$$=25k^2+45k+21$$
$$=5(5k^2+9k+4)+1$$

より，P は 5 の倍数でない。

> n を 5 でわった余りが 4($\cdots,\ -6,\ -1,\ 4,\ 9,\ 14,\ \cdots$)のとき，$P$ は 5 でわった余りが 1

以上より，$P=n^2+n+1$ は 5 の倍数でない。　[証明終わり] 答

CHALLENGE n が整数のとき，$2n^3+3n^2+n$ は 6 の倍数であることを，連続する 3 整数の積は 6 の倍数であることを利用して示せ。

$P=2n^3+3n^2+n$ とすると，

$$P=n(2n^2+3n+1)$$
$$=n(n+1)(2n+1)$$
$$=n(n+1)\left\{\left(n-\boxed{\text{ア } 1}\right)+\left(n+\boxed{\text{イ } 2}\right)\right\}$$
$$=\left(n-\boxed{\text{ア } 1}\right)n(n+1)+n(n+1)\left(n+\boxed{\text{イ } 2}\right)$$

$\left(n-\boxed{\text{ア } 1}\right)n(n+1)$，$n(n+1)\left(n+\boxed{\text{イ } 2}\right)$ はいずれも連続する 3 整数の積より，6 の倍数である。

さらに，6 の倍数どうしの和は 6 の倍数より，P は 6 の倍数である。　[証明終わり] 答

▶ **参考**

$\cdots,\ -5,\ -4,\ -3,\ -2,\ -1,\ 0,\ 1,\ 2,\ \boxed{3,\ 4,\ 5},\ 6,\ 7,\ 8,\ 9,\ 10,\ \cdots$

整数を小さい順に並べると，2 の倍数は 2 回に 1 回現れ，3 の倍数は 3 回に 1 回現れます。

よって，$\boxed{3,\ 4,\ 5}$ のように，連続する 3 整数の中には，

2 の倍数が少なくとも 1 個，3 の倍数が 1 個

含まれます。したがって，連続する 3 整数の積は 6 の倍数になります。

1 a, b は整数とする。a を 7 でわると 2 余り，b を 7 でわると 5 余る。次の数を 7 でわったときの余りを求めよ。

(1) $a+b$ (2) $a-b$ (3) ab

(1) $a+b$ を 7 でわった余りは，$2+5=7$ を 7 でわった余りと等しい。

$$7=7\cdot1$$

より，7 を 7 でわった余りは 0 であるから，求める余りは 0 答

(2) $a-b$ を 7 でわった余りは，$2-5=-3$ を 7 でわった余りと等しい。

$$-3=7\cdot(-1)+4$$

より，-3 を 7 でわった余りは 4 であるから，求める余りは 4 答

解説

a を整数，b を正の整数，q を整数として，

$$a=bq+r, \quad 0\leqq r<b$$

と表せたとき，r を，a を b でわったときの「余り」という。-3 は

$$-3=7\cdot0+(-3)$$

と表せるが，「-3」は 7 でわった余りではないことに注意しよう。また，-3 は

$$-3=7\cdot(-1)+4$$

と表せ，「4」が -3 を 7 でわった余りである。

> 「-3」は 0 以上 7 未満ではないから，7 でわった余りではない。

> 「4」は 0 以上 7 未満であるから，7 でわった余り。

(3) ab を 7 でわった余りは，$2\cdot5=10$ を 7 でわった余りと等しい。

$$10=7\cdot1+3$$

より，10 を 7 でわった余りは 3 であるから，求める余りは 3 答

CHALLENGE　a, b は整数とする。a を 5 でわると 4 余り，b を 5 でわると 3 余る。次の数を 5 でわったときの余りを求めよ。

(1) $2a+3b$ (2) a^{100}

(1) $2a$ を 5 でわった余りは，$2\cdot4=8$ を 5 でわった余りと等しく，3 である。

$3b$ を 5 でわった余りは，$3\cdot3=9$ を 5 でわった余りと等しく，4 である。

よって，$2a+3b$ を 5 でわった余りは，$3+4=7$ を 5 でわった余りと等しい。

$$7=5\cdot1+2$$

より，求める余りは 2 答

- -

▶ 参考

a を 5 でわった余りは 4，b を 5 でわった余りは 3 です。

$2a+3b$ を 5 でわった余りは，

$$2\cdot4+3\cdot3=17$$

を 5 でわった余りと等しくなります。

$$17=5\cdot3+2$$

より，求める余りは 2

- -

(2) a^{100} を 5 でわった余りは，4^{100} を 5 でわった余りに等しい。

$$4^{100}=(4^2)^{50}=16^{50}$$
$$=(5\times3+1)^{50}$$

であり，16^{50} を 5 でわった余りは

$$1^{50}=1$$

を 5 でわった余りに等しい。

よって，求める余りは 1 答

> $a=5q+4$ のとき，a^{100} を 5 でわった余りは 4^{100} を 5 でわった余りと等しい。

1 a, b は整数とする。a を 7 でわると 4 余り，b を 7 でわると 5 余る。次の数を 7 でわったときの余りを合同式を用いて求めよ。

(1) $a+b$ (2) $3a+2b$ (3) ab

以下 mod 7 とする。このとき，$a \equiv 4$，$b \equiv 5$

(1) $a+b \equiv 4+5=9 \equiv 2$
　よって，$a+b$ を 7 でわった余りは **2** 答

> $a \equiv 4$，$b \equiv 5$
> より，
> $3a \equiv 3 \cdot 4$，$2b \equiv 2 \cdot 5$
> よって，
> $3a+2b \equiv 3 \cdot 4+2 \cdot 5$

(2) $3a+2b \equiv 3 \cdot 4+2 \cdot 5=12+10=22 \equiv 1$
　よって，$3a+2b$ を 7 でわった余りは **1** 答

(3) $ab \equiv 4 \cdot 5=20 \equiv 6$
　よって，ab を 7 でわった余りは **6** 答

2 合同式を用いて，次のものを求めよ。

(1) 41^{50} を 5 でわった余り   (2) 23^{100} の一の位

(1) $41^{50}=(5 \times 8+1)^{50} \equiv 1^{50}=1 \pmod 5$
　よって，41^{50} を 5 でわった余りは **1** 答

(2) $23^{100}=(2 \times 10+3)^{100} \equiv 3^{100} \pmod{10}$
　$3^4=81=10 \times 8+1$ より，$3^4 \equiv 1 \pmod{10}$ であるから，
　　$23^{100} \equiv 3^{100}=(3^4)^{25} \equiv 1^{25}=1 \pmod{10}$

> 23^{100} の一の位は，23^{100} を 10 でわった余り。

　よって，23^{100} の一の位は 1 である。 答

CHALLENGE　n を 13 でわった余りが 11 であるとき，$2n^2+7n+4$ を 13 でわった余りを求めよ。

　　以下 mod 13 とする。
　　　　$n \equiv 11=13 \times 1-2 \equiv -2$

> $11=13 \times 1-2$
> より，
> $11 \equiv -2 \pmod{13}$

　であるから，
　　　$2n^2+7n+4 \equiv 2 \cdot (-2)^2+7 \cdot (-2)+4$
　　　　　　　　　$=8-14+4$
　　　　　　　　　$=-2$
　　　　　　　　　$\equiv 11$
　よって，$2n^2+7n+4$ を 13 でわった余りは，**11** 答

解説
　$n \equiv -2$ のとき，$n^2 \equiv (-2)^2$ より，
　　$2n^2 \equiv 2 \cdot (-2)^2$，$7n \equiv 7 \cdot (-2)$
　よって，
　　$2n^2+7n+4 \equiv 2 \cdot (-2)^2+7 \cdot (-2)+4$
　このように，合同式はふつうの等式と同じように代入することができる。

1 方程式 $177x+52y=1$…① の整数解を1つ求めよ。

（解1）

$$177=52 \cdot 3 + \boxed{^{ア}21} \qquad \left(\boxed{^{ア}21}=177-52 \cdot 3\right)$$

$$52=\boxed{^{イ}21} \cdot 2 + \boxed{^{ウ}10} \qquad \left(\boxed{^{ウ}10}=52-\boxed{^{イ}21} \cdot 2\right)$$

$$\boxed{^{イ}21}=\boxed{^{ウ}10} \cdot 2+1 \qquad \left(1=\boxed{^{イ}21}-\boxed{^{ウ}10} \cdot 2\right)$$

よって，

$$1=\boxed{^{イ}21}-\boxed{^{ウ}10} \cdot 2$$

$$=21-\left(52-\boxed{^{イ}21} \cdot 2\right) \cdot 2$$

$$=21-52 \cdot 2+21 \cdot 4$$

$$=21(1+4)-52 \cdot 2$$

$$=21 \cdot \boxed{^{エ}5}-52 \cdot 2$$

$$=(177-52 \cdot 3) \cdot \boxed{^{エ}5}-52 \cdot 2$$

$$=177 \cdot 5-52 \cdot 15-52 \cdot 2$$

$$=177 \cdot 5-52(15+2)$$

$$=177 \cdot \boxed{^{エ}5}-52 \cdot \boxed{^{オ}17}$$

したがって，

$$177 \cdot \boxed{^{エ}5}+52 \cdot \left(-\boxed{^{オ}17}\right)=1$$

より，①の整数解の1つは，

$$(x, y)=\left(\boxed{^{エ}5}, -\boxed{^{オ}17}\right) \text{答}$$

（解2）

$$177=52 \cdot 3+\boxed{^{ア}21} \text{ より，①は，}$$

$$\left(52 \cdot 3+\boxed{^{ア}21}\right)x+52y=1$$

$$52 \cdot 3x+21x+52y=1$$

$$\boxed{^{ア}21}x+52(3x+y)=1 \quad \text{…②}$$

$$52=\boxed{^{ア}21} \cdot 2+\boxed{^{カ}10} \text{ より，②は，}$$

$$\boxed{^{ア}21}x+\left(\boxed{^{ア}21} \cdot 2+\boxed{^{カ}10}\right)(3x+y)=1$$

$$21x+21 \cdot 6x+21 \cdot 2y+10(3x+y)=1$$

$$21 \cdot 7x+21 \cdot 2y+10(3x+y)=1$$

$$\boxed{^{ア}21}\left(\boxed{^{キ}7}x+2y\right)+\boxed{^{カ}10}(3x+y)=1$$

$$\boxed{^{キ}7}x+2y=m, 3x+y=n \text{ とおくと，}$$

$$\boxed{^{ア}21}m+\boxed{^{カ}10}n=1 \quad \text{…③}$$

$m=1, n=\boxed{^{ク}-2}$ は③をみたす。このとき，

$$\boxed{^{キ}7}x+2y=1, 3x+y=\boxed{^{ク}-2}$$

これを解いて，

$$(x, y)=\left(\boxed{^{エ}5}, -\boxed{^{オ}17}\right) \text{答}$$

1 方程式 $67x+40y=5\cdots$①の整数解をすべて求めよ。

$$67=40\cdot1+27 \quad (27=67-40\cdot1)$$
$$40=27\cdot1+13 \quad (13=40-27\cdot1)$$
$$27=13\cdot2+1 \quad (1=27-13\cdot2)$$

よって,

$$1=27-13\cdot2=27-(40-27\cdot1)\cdot2=40\cdot(-2)+27\cdot3$$
$$=40\cdot(-2)+(67-40\cdot1)\cdot3=67\cdot3+40\cdot(-5)$$

より,

$$67\cdot3+40\cdot(-5)=1 \quad\cdots②$$

②×5 より,

$$67\cdot15+40\cdot(-25)=5 \quad\cdots③$$

①−③より,

$$67(x-15)+40(y+25)=0$$
$$67(x-15)=-40(y+25)$$

67 と 40 は互いに素であるから, k を整数として,

$$x-15=40k,\ y+25=-67k$$

よって,

$$(x,y)=(40k+15,\ -67k-25) \quad (k は整数) \ \text{答}$$

$$\begin{array}{rll} 67x & +40y & =5 \quad\cdots① \\ -)\ 67\cdot15 & +40\cdot(-25) & =5 \quad\cdots③ \\ \hline 67(x-15) & +40(y+25) & =0 \end{array}$$

CHALLENGE 1個の重さが 18 g のチョコレートと 13 g のクッキーがある。これらを詰め合わせて合計でちょうど 300 g にしたい。それぞれ何個ずつ詰め合わせればよいか。

チョコレートを x 個, クッキーを y 個(x,y は 0 以上の整数)とすると,

$$18x+13y=300 \quad\cdots①$$

$18\cdot(-5)+13\cdot7=1$ より,

$$18\cdot(-1500)+13\cdot2100=300 \quad\cdots②$$

両辺に 300 をかけた

①−②より,

$$18(x+1500)+13(y-2100)=0$$
$$18(x+1500)=-13(y-2100)$$

$$\begin{array}{rll} 18x & +13y & =300 \quad\cdots① \\ -)\ 18\cdot(-1500) & +13\cdot2100 & =300 \quad\cdots② \\ \hline 18(x+1500) & +13(y-2100) & =0 \end{array}$$

18 と 13 は互いに素であるから, k を整数として,

$$x+1500=13k,\ y-2100=-18k$$

よって,

$$(x,y)=(13k-1500,\ -18k+2100) \quad (k は整数) \quad\cdots③$$

x,y は 0 以上の整数であるから,

$$13k-1500\geqq0 \quad かつ \quad -18k+2100\geqq0$$

この連立方程式を解くと,

$$\frac{1500}{13}\leqq k\leqq\frac{350}{3}$$

$$\frac{1500}{13}=115.38\cdots$$
$$\frac{350}{3}=116.66\cdots$$

k は整数であるから,

$$k=116$$

このとき, ③より,

$$x=13\cdot116-1500=8$$
$$y=-18\cdot116+2100=12$$

以上より, 求める個数は,

チョコレートを 8 個, クッキーを 12 個 答

1 $\dfrac{1}{x}+\dfrac{1}{y}+\dfrac{1}{z}=\dfrac{3}{2}\cdots①$ $(x\leqq y\leqq z)$ をみたす自然数の組 (x, y, z) をすべて求めよ。

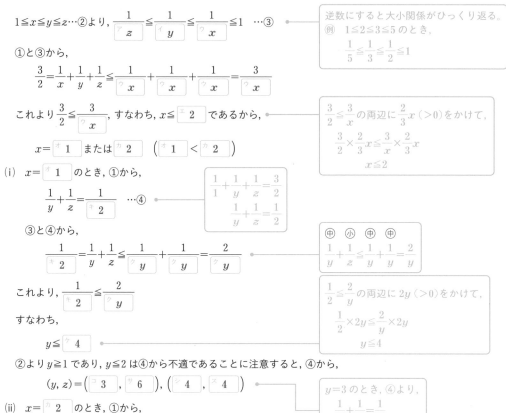

$1\leqq x\leqq y\leqq z\cdots②$ より, $\dfrac{1}{\boxed{ア\ z}}\leqq\dfrac{1}{\boxed{イ\ y}}\leqq\dfrac{1}{\boxed{ウ\ x}}\leqq1$ $\cdots③$

逆数にすると大小関係がひっくり返る。
例 $1\leqq2\leqq3\leqq5$ のとき,
$\dfrac{1}{5}\leqq\dfrac{1}{3}\leqq\dfrac{1}{2}\leqq1$

①と③から,

$\dfrac{3}{2}=\dfrac{1}{x}+\dfrac{1}{y}+\dfrac{1}{z}\leqq\dfrac{1}{\boxed{ウ\ x}}+\dfrac{1}{\boxed{ウ\ x}}+\dfrac{1}{\boxed{ウ\ x}}=\dfrac{3}{\boxed{ウ\ x}}$

これより $\dfrac{3}{2}\leqq\dfrac{3}{\boxed{ウ\ x}}$, すなわち, $x\leqq\boxed{エ\ 2}$ であるから,

$\dfrac{3}{2}\leqq\dfrac{3}{x}$ の両辺に $\dfrac{2}{3}x\ (>0)$ をかけて,
$\dfrac{3}{2}\times\dfrac{2}{3}x\leqq\dfrac{3}{x}\times\dfrac{2}{3}x$
$x\leqq2$

$x=\boxed{オ\ 1}$ または $\boxed{カ\ 2}$ $\left(\boxed{オ\ 1}<\boxed{カ\ 2}\right)$

(i) $x=\boxed{オ\ 1}$ のとき, ①から,

$\dfrac{1}{y}+\dfrac{1}{z}=\dfrac{1}{\boxed{キ\ 2}}$ $\cdots④$

$\dfrac{1}{1}+\dfrac{1}{y}+\dfrac{1}{z}=\dfrac{3}{2}$
$\dfrac{1}{y}+\dfrac{1}{z}=\dfrac{1}{2}$

③と④から,

$\dfrac{1}{\boxed{キ\ 2}}=\dfrac{1}{y}+\dfrac{1}{z}\leqq\dfrac{1}{\boxed{ク\ y}}+\dfrac{1}{\boxed{ク\ y}}=\dfrac{2}{\boxed{ク\ y}}$

⊕ 小 ⊕ ⊕
$\dfrac{1}{y}+\dfrac{1}{z}\leqq\dfrac{1}{y}+\dfrac{1}{y}=\dfrac{2}{y}$

これより, $\dfrac{1}{\boxed{キ\ 2}}\leqq\dfrac{2}{\boxed{ク\ y}}$

すなわち,

$y\leqq\boxed{ケ\ 4}$

$\dfrac{1}{2}\leqq\dfrac{2}{y}$ の両辺に $2y\ (>0)$ をかけて,
$\dfrac{1}{2}\times2y\leqq\dfrac{2}{y}\times2y$
$y\leqq4$

②より $y\geqq1$ であり, $y\leqq2$ は④から不適であることに注意すると, ④から,

$(y, z)=\left(\boxed{コ\ 3}, \boxed{サ\ 6}\right), \left(\boxed{シ\ 4}, \boxed{ス\ 4}\right)$

$y=3$ のとき, ④より,
$\dfrac{1}{3}+\dfrac{1}{z}=\dfrac{1}{2}$
$\dfrac{1}{z}=\dfrac{1}{6}$
$z=6$
$y=4$ のとき, ④より,
$\dfrac{1}{4}+\dfrac{1}{z}=\dfrac{1}{2}$
$\dfrac{1}{z}=\dfrac{1}{4}$
$z=4$

(ii) $x=\boxed{カ\ 2}$ のとき, ①から,

$\dfrac{1}{y}+\dfrac{1}{z}=\boxed{セ\ 1}$ $\cdots⑤$

③と⑤から,

$\boxed{セ\ 1}=\dfrac{1}{y}+\dfrac{1}{z}\leqq\dfrac{1}{\boxed{ソ\ y}}+\dfrac{1}{\boxed{ソ\ y}}=\dfrac{2}{\boxed{ソ\ y}}$

これより, $1\leqq\dfrac{2}{\boxed{タ\ y}}$

すなわち,

$\boxed{タ\ y}\leqq2$

②より, $x=2$ のとき $2\leqq y$ であるから, $y=\boxed{チ\ 2}$

このとき, ⑤より $z=\boxed{ツ\ 2}$

以上より, 求める (x, y, z) の組は,

$(x, y, z)=\left(\boxed{オ\ 1}, \boxed{コ\ 3}, \boxed{サ\ 6}\right), \left(\boxed{オ\ 1}, \boxed{シ\ 4}, \boxed{ス\ 4}\right), \left(\boxed{カ\ 2}, \boxed{チ\ 2}, \boxed{ツ\ 2}\right)$ 答

1 方程式 $x^2+2xy-8y^2=-8$ をみたす整数 $x,\ y$ をすべて求めよ。

$$\left(x+\boxed{^{\text{ア}}4y}\right)\left(x-\boxed{^{\text{イ}}2y}\right)=-8$$

$x,\ y$ は整数より，$x+\boxed{^{\text{ア}}4y}$，$x-\boxed{^{\text{イ}}2y}$ も整数であるから，

	$x+\boxed{^{\text{ア}}4y}$	-8	-4	-2	-1	1	2	4	8	$\cdots$①
	$x-\boxed{^{\text{イ}}2y}$	1	2	4	8	-8	-4	-2	-1	$\cdots$②
(①＋②×2)÷3	x	-2	$\boxed{^{\text{ウ}}0}$	$\boxed{^{\text{エ}}2}$	5	-5	$\boxed{^{\text{オ}}-2}$	$\boxed{^{\text{カ}}0}$	2	$\cdots$③
(②－③)÷(−2)	y	$-\dfrac{3}{2}$	$\boxed{^{\text{キ}}-1}$	$\boxed{^{\text{ク}}-1}$	$-\dfrac{3}{2}$	$\dfrac{3}{2}$	$\boxed{^{\text{ケ}}1}$	$\boxed{^{\text{コ}}1}$	$\dfrac{3}{2}$	

$x,\ y$ は整数であるから，

$$(x,\ y)=\left(\boxed{^{\text{ウ}}0},\ \boxed{-1}\right),\ \left(\boxed{^{\text{エ}}2},\ \boxed{-1}\right),\ \left(\boxed{^{\text{キ}}-2},\ \boxed{1}\right),\ \left(\boxed{^{\text{ク}}0},\ \boxed{1}\right)\ \boxed{\text{答}}$$

2 方程式 $x^2-2xy+3y^2=27$ をみたす整数 $x,\ y$ をすべて求めよ。

x についての2次方程式 $x^2-2yx+3y^2-27=0\cdots(*)$ について，

(判別式)$=(-2y)^2-4\cdot1\cdot(3y^2-27)\boxed{^{\text{ア}}\geqq}0$

$2y^2\leqq\boxed{^{\text{イ}}27}$

$y=0$ のとき，$2y^2=0\leqq27$
$y=1$ のとき，$2y^2=2\leqq27$
$y=2$ のとき，$2y^2=8\leqq27$
$y=3$ のとき，$2y^2=18\leqq27$
$y=4$ のとき，$2y^2=32>27$
$x=5$ のとき，$2y^2\geqq50>27$

y は整数より，$y=0,\ \pm1,\ \pm2,\ \pm3$

(i) $y=0$ のとき，$(*)$ は，$x^2-27=0$ であり，

x は整数より，不適。

(ii) $y=\pm1$ のとき，$(*)$ は，$x^2\mp\boxed{^{\text{ウ}}2}x-\boxed{^{\text{エ}}24}=0$（複号同順）であり，

$y=1$ のとき，$\left(x+\boxed{^{\text{オ}}4}\right)\left(x-\boxed{^{\text{カ}}6}\right)=0$ より，$x=-\boxed{^{\text{オ}}4},\ \boxed{^{\text{カ}}6}$

$y=-1$ のとき，$\left(x-\boxed{^{\text{オ}}4}\right)\left(x+\boxed{^{\text{カ}}6}\right)=0$ より，$x=\boxed{^{\text{オ}}4},\ -\boxed{^{\text{カ}}6}$

(iii) $y=\pm2$ のとき，$(*)$ は，$x^2\mp\boxed{^{\text{キ}}4}x-\boxed{^{\text{ク}}15}=0$（複号同順）であり，

x は整数より，不適。

(iv) $y=\pm3$ のとき，$(*)$ は，$x^2\mp\boxed{^{\text{ケ}}6}x=0$（複号同順）

$y=3$ のとき，$(*)$ は
$x^2-6x=0$
$x(x-6)=0$

$y=3$ のとき，$x\left(x-\boxed{^{\text{ケ}}6}\right)=0$ より，$x=0,\ \boxed{^{\text{ケ}}6}$

$y=-3$ のとき，$(*)$ は
$x^2+6x=0$
$x(x+6)=0$

$y=-3$ のとき，$x\left(x+\boxed{^{\text{ケ}}6}\right)=0$ より，$x=0,\ -\boxed{^{\text{ケ}}6}$

以上より，

$$(x,\ y)=\left(-\boxed{^{\text{オ}}4},\ 1\right),\ \left(\boxed{^{\text{カ}}6},\ 1\right),\ \left(\boxed{^{\text{オ}}4},\ -1\right),\ \left(-\boxed{^{\text{カ}}6},\ -1\right),\ (0,\ 3),$$
$$\left(\boxed{^{\text{ケ}}6},\ 3\right),\ (0,\ -3),\ \left(-\boxed{^{\text{ケ}}6},\ -3\right)\ \boxed{\text{答}}$$

1 パーティーを開いたとき「血液型が同じ人が 5 名以上いる」と確実にいえるためには出席者が何名以上でなければ
ならないか。

　血液型の種類は，A, B, O, AB の $\boxed{4}$ 種類であり，

　　　$\boxed{{}^{\text{ア}}4} \times \boxed{{}^{\text{イ}}4} = \boxed{{}^{\text{ウ}}16}$

より，$\boxed{{}^{\text{ウ}}16}$ 名以下では血液型が同じ人が 5 名以上必ずいるとはいえない。

　よって，$\boxed{{}^{\text{エ}}17}$ 名以上いれば，鳩の巣の原理により，血液型が同じ人が 5 名以上いる（血液型が少なくとも 1 つ
存在する）といえるので，条件をみたすのは

　　　$\boxed{{}^{\text{エ}}17}$ 名以上 答

解説 17 名以上いれば，

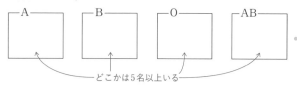

どこかは 5 名以上いる

> 5 名以上にしないように，
> A：4名，B：4名，O：4名，AB：4名
> と考えても，最後の 17 人目は
> どれかに入るので，どこかの血液型
> は 5 名以上になる。

2 1 辺が 2 の正方形の周または内部に異なる 5 点をとるとき，距離が $\sqrt{2}$ 以下となるような 2 点の組合せが存在する
ことを示せ。

　1 辺が 2 の正方形を右の図のように，

　　　1 辺が $\boxed{{}^{\text{ア}}1}$ の $\boxed{{}^{\text{イ}}4}$ 個の正方形に分割する。

　鳩の巣の原理により，5 点の中に同じ 1 辺が 1 の正方形の中にある 2 点が存在
する。1 辺が 1 の正方形の周または内部にある 2 点の最大距離は，対角線の
$\boxed{{}^{\text{ウ}}\sqrt{2}}$ であるから，5 点の中に距離が $\sqrt{2}$ 以下となるような 2 点の組合せが存在
する。　　　　　　　　　　　　　　　　　　　[証明終わり] 答

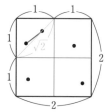

解説 1 辺が 1 の正方形の周または内部で 2 点が 1 番離れるのは，
左の図のような位置にあるときである。
よって，1 辺が 1 の正方形の中に 2 点が入れば，
距離が $\sqrt{2}$ 以下となる 2 点の組合せが存在する。

CHALLENGE xy 平面において，x 座標，y 座標が共に整数である点 (x, y) を格子点という。いま，互いに異なる 5 つの
格子点を選ぶ。このとき，2 つの格子点を結ぶ線分の中点がまた格子点となる組合せが必ず存在すること
を示せ。

　格子点の x 座標，y 座標を偶数，奇数で分類すると，

　　　（偶数，偶数），（偶数，奇数），（奇数，偶数），（奇数，奇数）

の 4 組に分類できる。

　互いに異なる格子点を 5 つを選ぶとき，鳩の巣の原理により偶数，奇数が一致する組が少なくとも 2 点存在し，
その中点は格子点である（例えば（偶数，奇数）の組である異なる 2 点の中点は格子点である）。

　よって，2 つの格子点を結ぶ線分の中点がまた格子点となる
組合せが必ず存在する。　[証明終わり] 答

1 右の図の魔方陣には, 1〜9 までの自然数が入る。a, c, d, e, f, g, h に当てはまる自然数を求めよ。

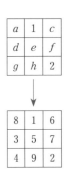

e は中央の数より,

$\quad e=5$

縦, 横, 斜めのそれぞれの和は,

$\quad (1+2+3+4+5+6+7+8+9)\div 3=15$

よって,

$a+5+2=15$ より,

$\quad a=8$

$a+1+c=15$ より,

$\quad c=6$

$c+f+2=15$ より,

$\quad f=7$

$d+5+f=15$ より,

$\quad d=3$

$a+d+g=15$ より,

$\quad g=4$

$g+h+2=15$ より,

$\quad h=9$ 答

CHALLENGE 次の問いに答えよ。

(1) 1〜9 の数で異なる 3 個の数の和が 15 になるもので, 1 を含む組をすべて求めよ。

1 を含む異なる 3 個の数の和が 15 となるとき, 1 以外の異なる 2 つの数の和は 14 である。

2〜9 の数の中から 2 つの数の和が 14 となるのは, $\{5, 9\}$ と $\{6, 8\}$ の 2 組だけである。

よって, 求める組は, $\{1, 5, 9\}$ と $\{1, 6, 8\}$ の 2 組である。答

(2) 1〜9 の異なる自然数が入る 3×3 の魔方陣において, 1 は 4 つの隅(右の図の a, c, g, i)には入らないことを説明せよ。

a	b	c
d	e	f
g	h	i

1〜9 の数で異なる 3 個の数の和が 15 になるもので, 1 を含む組は $\boxed{2}^{ア}$ 組ある。

$a=1$ であるとき, 1 を含む 3 つの数の和が 15 となる組は,

$\quad \{a, \boxed{b}^{イ}, c\},\ \{a, e, \boxed{i}^{ウ}\},\ \{a, d, \boxed{g}^{エ}\}$

の $\boxed{3}^{オ}$ 組必要となるので, $a=1$ とすることはできない。

同様に $c=1, g=1, i=1$ とすることはできない。

以上より, 1 は 4 つの隅には入らない。 ［証明終わり］答

▶ 参考

3×3 の魔方陣では, 回転したり, 裏返したりするとどれも数の並びが一致する。

つまり, 3×3 の魔方陣はただ 1 通りである。

1 A, B, C の 3 人が面接を受けている。このうちいつも真実を述べる正直者は 1 人だけで，他の 2 人は嘘つき（いつも嘘をつく）である。

A の発言：「B は嘘つきです」

　この発言から，3 人の中で確実に嘘つきであると判断できる人がいるだろうか。

(ⅰ)　A が嘘つきだと仮定した場合

　　A の発言：「B は嘘つきです」は嘘になるので，B は ［ ア 正直者 ］である。

　　正直者は 1 人だけであるから，C は ［ イ 嘘つき ］である。

　　よって，

　　　A：嘘つき，B： ［ ア 正直者 ］，C： ［ イ 嘘つき ］

(ⅱ)　A が正直者だと仮定した場合

　　A の発言：「B は嘘つきです」は正しいので，B は ［ ウ 嘘つき ］である。

　　正直者は 1 人だけであるから，C は ［ エ 嘘つき ］である。

　　よって，

　　　A：正直者，B： ［ ウ 嘘つき ］，C： ［ エ 嘘つき ］

　したがって，いずれの場合にも嘘つきが確定するのは，［ オ C ］だけである。🈶

CHALLENGE　　次の命題①，②，③が成り立つとする。

　①　りゅうのすけ君はサッカー部員ではない。
　②　トラを操れるものは秘密組織 A に属する。
　③　サッカー部員でないものは秘密組織 A に属さない。

　このとき，りゅうのすけ君はトラを操ることができるか。

　対偶と元の命題の真偽は一致するので，

　　②の対偶：［ ア 秘密組織 A に属さないものはトラを操れない ］。

が成り立つ。

　①より，りゅうのすけ君はサッカー部員で ［ イ はない ］。

　りゅうのすけ君はサッカー部員で ［ イ はない ］ので，③より，秘密組織 A に ［ ウ 属さない ］。

　りゅうのすけ君は秘密組織 A に ［ ウ 属さない ］ので，②の対偶より，トラを操ることは ［ エ できない ］。

　したがって，りゅうのすけ君はトラを操ることは ［ エ できない ］。🈶

$\boxed{1}$ (1) 135 通り

(2) 540 通り

(3) 420 通り

(4) 28 通り

$\boxed{2}$ (1) $\dfrac{1}{3}$

(2) ① $\dfrac{160}{729}$

② $\dfrac{3}{5}$

(3) A 案

$\boxed{3}$ (1) $1<x<4$

(2) ① CF : FA＝10 : 3

② CP : PD＝5 : 1

(3) AB＝$4\sqrt{6}$

(4) 解説参照

$\boxed{4}$ (1) ① 24 個

② 78

(2) 解説参照

(3) $(x, y)=(21, -60)$

(4) A

$\boxed{1}$

(1) 目の出方は全部で

$6\times6\times6=216$(通り)

（i）出た目の積が奇数の場合

3 つの目がすべて奇数のときで，

$3\times3\times3=27$(通り)

（ii）出た目の積が偶数で，4 の倍数でない場合

3 つのうち，2 つの目が奇数で残りの 1 つは 2 または 6 の目であるから，

$_3C_1\times(3^2\cdot2)=54$(通り)

（i），（ii）より，目の積が 4 の倍数にならない場合の数は，

$27+54=81$(通り)

よって，目の積が 4 の倍数になる場合の数は，

$216-81=135$(通り) 答(6 点) →03講

(2) 空の部屋があってもよいとしたときの入れ方は，

① ② ③ ④ ⑤ ⑥

$3\times3\times3\times3\times3\times3=3^6$

A─A─A─A─A─A＝729(通り)

B　B　B　B　B　B

C　C　C　C　C　C

（i）2 部屋が空になる場合

「全員が A に入る」，「全員が B に入る」，「全員が C に入る」の 3 通り

（ii）1 部屋が空になる場合

「A のみが空」になるのは，

① ② ③ ④ ⑤ ⑥

$2\times2\times2\times2\times2\times2$　-2

B─B─B─B─B　すべて B

C　C　C　C　C　すべて C

$=64-2$

$=62$(通り)

「B のみが空」，「C のみが空」になる入れ方も同様に 62 通り。

以上より，空の部屋がない入れ方は

$729-3-62\times3=540$(通り) 答(6 点) →07講

(3) A(1 人)，B(1 人)，C(2 人)，D(2 人)，E(2 人)とグループに区別をつけたときの分け方は

$_8C_1\times_7C_1\times_6C_2\times_4C_2\times_2C_2$ 通り

グループに区別をつけた分け方のうち，2!3! 通りを 1 通りとみたものが，グループに区別がない分け方だから，

$\dfrac{_8C_1\times_7C_1\times_6C_2\times_4C_2\times_2C_2}{2!3!}$

$=\dfrac{8\times7\times3\cdot5\times2\cdot3\times1}{2\cdot1\times3\cdot2\cdot1}$

$=420$(通り) 答(6 点) →10講

(4) A，B，C 全員がりんごを少なくとも 1 個はもらうので，初めに 3 人にりんごを 1 個ずつ渡しておき，残りの 6 個のりんごを A，B，C の 3 人へ分ける分け方を考えればよい（残りの 6 個のりんごを A，B，C の 3 人に分けるときは，もらわない人がいてもよい）。

これは 6 個の〇と 2 本の｜(仕切り)を 1 列に並べる並べ方と同数であるから，

$$\frac{8!}{6!2!}=28(\text{通り})\quad\boxed{\text{答}}(6\text{点})\;\blacktriangleright\text{12講}$$

2

(1) A を X が 2 でわり切れない事象，

B を X が 5 でわり切れない事象

とすると，

$\overline{A}$ は X が 2 でわり切れる事象，

$\overline{B}$ は X が 5 でわり切れる事象

であるから，X が 10 でわり切れる確率は $P(\overline{A}\cap\overline{B})$ である。

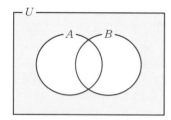

X が 2 でわり切れないのは，3 個とも奇数のときで，

$$P(A)=\left(\frac{3}{6}\right)^3$$

X が 5 でわり切れないのは，3 個とも 5 以外のときで，

$$P(B)=\left(\frac{5}{6}\right)^3$$

X が 2 でわり切れないかつ 5 でわり切れないのは，3 個とも「$2, 4, 5, 6$ 以外」，すなわち「$1, 3$」が出るときで，

$$P(A\cap B)=\left(\frac{2}{6}\right)^3$$

よって，

$$\begin{aligned}P(A\cup B)&=P(A)+P(B)-P(A\cap B)\\&=\left(\frac{3}{6}\right)^3+\left(\frac{5}{6}\right)^3-\left(\frac{2}{6}\right)^3\\&=\frac{3^3+5^3-2^3}{6^3}\\&=\frac{144}{6^3}\left(=\frac{12\times12}{6\times6\times6}\right)\\&=\frac{2}{3}\end{aligned}$$

以上より，求める確率は，

$$\begin{aligned}P(\overline{A}\cap\overline{B})&=1-P(A\cup B)\\&=1-\frac{2}{3}\\&=\frac{1}{3}\quad\boxed{\text{答}}(8\text{点})\;\blacktriangleright\text{16講}\end{aligned}$$

(2)① 6 試合目で A が優勝するのは，

「5 試合目終了時点で A が 3 勝 2 敗で 6 試合目に A が勝つ」

場合であるから，求める確率は，

$$\frac{5!}{3!2!}\left(\frac{2}{3}\right)^3\left(\frac{1}{3}\right)^2\times\frac{2}{3}=\frac{160}{729}\quad\boxed{\text{答}}(6\text{点})\;\blacktriangleright\text{20講}$$

② 2 つの事象 X, Y を，

X：6 試合目で A が優勝する

Y：1 試合目に A が勝つ

とすると，求める条件付き確率は，

$$P_X(Y)=\frac{P(X\cap Y)}{P(X)}$$

である。

①より，

$$P(X)=\frac{160}{729}$$

$X\cap Y$ は，1 試合目に A が勝ち，次の 4 試合は A が 2 勝 2 敗で，6 試合目で A が勝つ場合であるから，

$$\begin{aligned}P(X\cap Y)&=\frac{2}{3}\times\frac{4!}{2!2!}\left(\frac{2}{3}\right)^2\left(\frac{1}{3}\right)^2\times\frac{2}{3}\\&=\frac{96}{729}\end{aligned}$$

よって，

$$P_X(Y)=\frac{P(X\cap Y)}{P(X)}=\frac{\dfrac{96}{729}}{\dfrac{160}{729}}=\frac{3}{5}\quad\boxed{\text{答}}(6\text{点})$$

$\blacktriangleright\text{22講}$

(3)(i) A 案について

おこづかい	6000 円	3000 円	計
確率	$\frac{2}{6}$	$\frac{4}{6}$	1

毎月もらえるおこづかいの期待値は

$$6000\times\frac{2}{6}+3000\times\frac{4}{6}=4000(\text{円})$$

$$\left(\begin{array}{l}\text{A 案で毎月もらえるおこ}\\\text{づかいの期待値に 2 点}\end{array}\right)$$

(ii) B 案について

おこづかい	7000 円	500 円	計
確率	$\frac{1}{2}$	$\frac{1}{2}$	1

毎月もらえるおこづかいの期待値は

$$7000\times\frac{1}{2}+500\times\frac{1}{2}=3750(\text{円})$$

$$\left(\begin{array}{l}\text{B 案で毎月もらえるおこ}\\\text{づかいの期待値に 2 点}\end{array}\right)$$

(iii) C 案について

毎月 3850 円もらえる。

よって，

<u>A 案が最も有利である。</u>　$\boxed{\text{答}}$（結論に 2 点）

$\blacktriangleright\text{23講}$

3

(1) 三角形 ABC が存在する条件は，

$$\begin{cases}3+x>5-x&\cdots\text{①}\\x+(5-x)>3&\cdots\text{②}\\(5-x)+3>x&\cdots\text{③}\end{cases}$$

$$\left(\begin{array}{l}\text{三角形 ABC が}\\\text{存在する条件に 3 点}\end{array}\right)$$

①より,

$x>1$ …①′

②はすべての実数xに対して成り立つ。

③より,

$x<4$ …③′

①′, ③′より

$1<x<4$ 答（答えに2点）➡26講

(2)

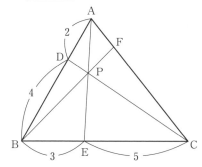

① チェバの定理より,

$$\dfrac{AD}{DB}\times\dfrac{BE}{EC}\times\dfrac{CF}{FA}=1$$

$$\dfrac{2}{4}\times\dfrac{3}{5}\times\dfrac{CF}{FA}=1$$

$$\dfrac{CF}{FA}=\dfrac{10}{3}$$

よって,

CF：FA＝10：3 答（5点）➡27講

②

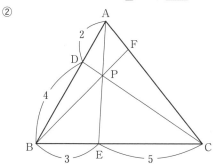

メネラウスの定理より

$$\dfrac{CP}{PD}\times\dfrac{DA}{AB}\times\dfrac{BE}{EC}=1$$

$$\dfrac{CP}{PD}\times\dfrac{2}{6}\times\dfrac{3}{5}=1$$

$$\dfrac{CP}{PD}=5$$

よって,

CP：PD＝5：1 答（5点）➡28講

(3)

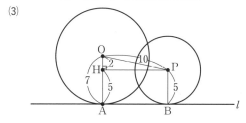

点Pから線分OAに垂線を下ろし, その交点をH
とする。

四角形ABPHは長方形より,

AB＝PH

OH＝OA－AH＝7－5＝2

また, ∠OHP＝90°であるから, 三角形OPHで三
平方の定理より,

$$PH^2=OP^2-OH^2$$
$$=10^2-2^2$$
$$=96$$

PH＞0より,

$$PH=4\sqrt{6}$$

よって,

AB＝PH＝$4\sqrt{6}$ 答（5点）➡33講

(4)

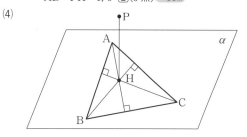

Hは三角形ABCの垂心より,

BC⊥AH （BC⊥AHに1点）

（平面α）⊥PHであるから,

BC⊥PH （BC⊥PHに2点）

よって,

BC⊥（平面PAH）

（BC⊥（平面PAH）に2点）

したがって,

BC⊥PA 答（BC⊥PAに1点）➡39講

4

(1) $360=2^3\cdot3^2\cdot5$

① 正の約数の個数は,

$(3+1)\times(2+1)\times(1+1)=24$（個）答（3点）

➡42講

② 正の約数のうち奇数であるものの総和は,

素因数2が含まれない正の約数の総和

であるから, $3^2\cdot5$の正の約数の総和である。

よって,

$(1+3+3^2)(1+5)=78$ 答（3点）➡42講

(2) kを整数とする。

(i) $n=3k$のとき

$$2n^2+n+1=2(3k)^2+3k+1$$
$$=18k^2+3k+1$$
$$=3(6k^2+k)+1$$

より, 3でわった余りは1である。

$\left(\begin{array}{l}n=3k\text{のとき, }2n^2+n+1\\ \text{を}3\text{でわった余りが}1\text{である}\\ \text{ことを示して}2\text{点}\end{array}\right)$

(ii)　$n=3k+1$ のとき

$$2n^2+n+1=2(3k+1)^2+(3k+1)+1$$
$$=2(9k^2+6k+1)+(3k+1)+1$$
$$=18k^2+15k+4$$
$$=3(6k^2+5k+1)+1$$

より，3 でわった余りは 1 である。

$$\left(\begin{array}{l}n=3k+1 \text{ のとき, } 2n^2+n+1 \\ \text{を 3 でわった余りが 1 であること} \\ \text{を示して 2 点}\end{array}\right)$$

(iii)　$n=3k+2$ のとき

$$2n^2+n+1=2(3k+2)^2+(3k+2)+1$$
$$=2(9k^2+12k+4)+(3k+2)+1$$
$$=18k^2+27k+11$$
$$=3(6k^2+9k+3)+2$$

より，3 でわった余りは 2 である。

$$\left(\begin{array}{l}n=3k+2 \text{ のとき, } 2n^2+n+1 \\ \text{を 3 でわった余りが 2 であること} \\ \text{を示して 2 点}\end{array}\right)$$

(i)〜(iii)より，$2n^2+n+1$ を 3 でわったあまりは 1 か 2 である。**答** →44講

(3)　$83=29\cdot2+25$　$(25=83-29\cdot2)$
　　$29=25\cdot1+4$　$(4=29-25\cdot1)$
　　$25=4\cdot6+1$　$(1=25-4\cdot6)$
　よって，
$$1=25-4\cdot6$$
$$=25-(29-25\cdot1)\cdot6$$
$$=25\cdot7-29\cdot6$$
$$=(83-29\cdot2)\cdot7-29\cdot6$$
$$=83\cdot7+29\cdot(-20)$$

したがって，
$$83\cdot7+29\cdot(-20)=1$$

両辺を 3 倍して，
$$83\cdot21+29\cdot(-60)=3$$

以上より，$83x+29y=3$ の整数解の 1 つは，
$$(x, y)=(21, -60)$$ **答**(6 点) →47講

別解

$83x+29y=1$ …①の整数解をまず求める。

$83=29\cdot2+25$ より，①は，
$$(29\cdot2+25)x+29y=1$$
$$25x+29(2x+y)=1 \quad \text{…②}$$

$29=25\cdot1+4$ より，②は，
$$25x+(25\cdot1+4)(2x+y)=1$$
$$25(3x+y)+4(2x+y)=1$$

$3x+y=m,\ 2x+y=n$ とおくと，
$$25m+4n=1 \quad \text{…③}$$

$m=1, n=-6$ は③をみたす。このとき，
$$3x+y=1,\ 2x+y=-6$$

これを解いて，
$$(x, y)=(7, -20)$$

よって，

$$83\cdot7+29\cdot(-20)=1$$

両辺を 3 倍して，
$$83\cdot21+29\cdot(-60)=3$$

したがって，$83x+29y=3$ の整数解の 1 つは，
$$(x, y)=(21, -60)$$

(4)(i)　尋ねた村人が正直村の村人の場合

村人の発言「A です。」は正しい。

つまり「自分の村（正直村）へ続く道は A」というのは正しいので，A の道へ行けば正直村にたどり着ける。

(ii)　尋ねた村人が嘘つき村の村人の場合

村人の発言「A です。」は誤り。

つまり「自分の村（嘘つき村）へ続く道は A」というのは誤りであるから，嘘つき村へ続く道は B である。

したがって，正直村へ続く道は A であるから，A の道へ行けば正直村にたどり着ける。

(i), (ii)より，正直村へ続く道は，A **答**(6 点) →53講